Bergbau gleich Raubbau?

Volker Wrede

Bergbau gleich Raubbau?

Rohstoffgewinnung und Nachhaltigkeit

 Springer

Volker Wrede
Kempen, Nordrhein-Westfalen, Deutschland

ISBN 978-3-662-61940-7   ISBN 978-3-662-61941-4   (eBook)
https://doi.org/10.1007/978-3-662-61941-4

Die Deutsche Nationalbibliothek verzeichnet diese Publikation in der Deutschen Nationalbibliografie;
detaillierte bibliografische Daten sind im Internet über http://dnb.d-nb.de abrufbar.

Planung/Lektorat: Stephanie Preuss
Springer ist ein Imprint der eingetragenen Gesellschaft Springer-Verlag GmbH, DE und ist ein Teil von
Springer Nature.
Die Anschrift der Gesellschaft ist: Heidelberger Platz 3, 14197 Berlin, Germany

Vorwort

In großen Teilen der Bevölkerung herrscht die Sorge, die Menschheit steuere auf eine globale Krise der Rohstoffversorgung zu. Ressourcenverknappung, steigende Rohstoffpreise und Raubbau an der Natur werden von vielen Medien und Teilen der Politik als kaum noch abzuwendende Szenarien angenommen. Nur die Hinwendung zu regenerativen Rohstoffen und die Abkehr von den nur endlich vorhandenen fossilen Rohstoffen könnten demnach eine nachhaltige Versorgung sicherstellen.

Eine Analyse der Rohstoffsituation in der Welt zeigt aber, dass wir in einer Zeit der Rohstofffülle leben. Die bekannten Rohstoffreserven steigen schneller als der Verbrauch. Trotz der Rohstoffentnahme stehen heute und für die künftigen Generationen mehr Rohstoffe zur Verfügung als jemals zuvor. Die Rohstoffwirtschaft kann von ihrer Mengenbilanz her deshalb als nachhaltig betrachtet werden.

Die Georessourcen werden wahrscheinlich länger und in größerem Umfang zur Verfügung stehen als die Bioressourcen. In der Geschichte mussten die Bioressourcen dagegen immer wieder durch Bergbauprodukte ergänzt werden, um die Versorgung der Menschheit zu sichern.

Rohstoffgewinnung ist grundsätzlich mit Eingriffen in den Naturhaushalt verbunden. Sie lässt sich trotzdem weitgehend umweltverträglich durchführen. Missstände und Fehlentwicklungen sind eher als Abbild der jeweils herrschenden gesellschaftlichen Systeme zu deuten als spezifisch für die Rohstoffwirtschaft.

Diese Thesen werden anhand zahlreicher Fallbeispiele und historischer Entwicklungen hergeleitet und belegt. Die Angaben entsprechen dem Stand von Ende 2019; einige wenige Aktualisierungen wurden noch im Frühjahr 2020 vorgenommen.

Volker Wrede

Danksagung

Ich danke dem Leiter des LWL-Industriemuseums Zeche Nachtigall in Witten, Herrn Michael Peters M.A., dafür, dass er mit der Ausstellung „Raubbau – Rohstoffgewinnung weltweit" die Anregung zur Beschäftigung mit diesem Thema gab. Herrn Norbert T. Rempe, Carlsbad, NM (USA), danke ich für wichtige Hinweise, meinen Freunden Doris und Ralf Hewig, Dr. Friedhardt Knolle und Katrin Schüppel für anregende, auch kontroverse Diskussionen und Hilfestellungen sowie weiteren Kolleginnen und Kollegen für ihre Unterstützung.

Inhaltsverzeichnis

1

Einführung

Die Gewinnung von Bodenschätzen ist eine der ältesten wirtschaftlichen und kulturellen Tätigkeiten überhaupt. Die Bergbauprodukte unterschiedlichster Art sind für den Menschen unentbehrlich. Trotzdem wird die Rohstoffgewinnung in der Öffentlichkeit zunehmend kritisch gesehen und heute vor allem unter dem Aspekt des Umweltschutzes eher als Belastung für eine Region denn als wirtschaftlicher Gewinn empfunden. Völlig konträre Aussagen zur Sicherheit der zukünftigen Rohstoffversorgung, die parallel von verschiedenen Bundesbehörden geäußert werden, tragen zur Verunsicherung der Öffentlichkeit bei.

Anlass zur Beschäftigung mit dem Thema „Nachhaltigkeit der Rohstoffgewinnung" gab eine Sonderausstellung des LWL-Industriemuseums Zeche Nachtigall in Witten, die im Jahr 2019 Missstände verschiedenster Art bei der Gewinnung von Bodenschätzen thematisierte (Abb. 1.1). Der Titel der Sonderausstellung „Raubbau – Rohstoffgewinnung weltweit" wirkte provokativ, setzte er doch ganz pauschal den Begriff „Rohstoffgewinnung" mit dem Begriff „Raubbau" gleich. Dabei bezog sich der Terminus „Rohstoff" ausschließlich auf die abiotischen, bergbaulich gewonnenen Bodenschätze.

In der Ausstellung relativierte sich dieses Bild recht schnell: Es ging um die Fälle von Raubbau *bei* der Rohstoffgewinnung in der Welt, wobei der Begriff „Raubbau" viel weiter gefasst und anders interpretiert wurde, als es der ursprüngliche Wortsinn meint. Es ging nicht nur um den Raubbau an der Lagerstätte, sondern auch und vor allem um den Raubbau an den Menschen, die besonders in Ländern der sogenannten Dritten Welt in der Rohstoffgewinnung tätig sind, um Kinderarbeit und um den Raubbau an der Umwelt, die als „Kollateralschaden" der Rohstoffgewinnung oft

Abb. 1.1 Plakat zur Sonderausstellung „Raubbau – Rohstoffgewinnung weltweit" im LWL-Industriemuseum Zeche Nachtigall in Witten, 2019. (Mit freundlicher Genehmigung Landschaftsverband Westfalen-Lippe, Foto: Günther Pilger, Grafik: Marek Golasch)

weit mehr beeinträchtigt wird, als es nötig wäre und verantwortbar ist. Mit diesem Blick war die Ausstellung sinnvoll und gerechtfertigt, und – das ist meist das Positive an Provokationen – sie regte darüber hinaus zum Nachdenken an über das, was da so plakativ in den Raum gestellt wurde.

Die Rohstoffgewinnung und ihre Auswirkungen werden heute allgemein sehr kritisch diskutiert (z. B. Oekom 2016). Die dabei erhobenen Vorwürfe sind oft sehr pauschal überspitzt formuliert (so „befeuert das Bundesberggesetz den hemmungslosen Raubbau an begrenzten Ressourcen"; Oxenfarth 2016).

Dabei sollte eigentlich allgemein bewusst sein, dass die menschliche Existenz ohne die Nutzung von Bodenschätzen schlichtweg kaum denkbar ist. Die fossilen Energieträger wie Kohle, Erdöl und Erdgas sind heute wegen der bei ihrer Nutzung freiwerdenden CO_2-Emissionen in die Diskussion geraten, und es wird nach klimaneutralen Alternativen gesucht. Alle metallischen Werkstoffe aber, der größte Teil der Kunststoffe, Keramik, Glas, Baumaterialien und vieles mehr basieren vorwiegend auf der Nutzung von Georessourcen. Alltägliche Dinge wie Zahnpasta, Porzellan oder Ziegelsteine werden aus Georohstoffen hergestellt. Ohne die Gewinnung von Quarzsand gäbe es keine Photovoltaikanlagen, ohne Beton, Stahl, Karbon- oder Glasfasern und erdölbasierte Kunststoffe keine Windräder. Isoliermaterialien zur Gebäudedämmung basieren auf Erdgas und Erdöl oder auf aufgeschmolzenen Gesteins- oder Glasmaterialien. Die gesamte Elektrotechnik benötigt metallische Leiter vor allem aus Kupfer, in der Elektronik und Batterietechnik sind zahlreiche Sondermetalle wie Kobalt, Niob, Tantal, Lithium oder die Seltenen Erden unverzichtbar. So enthält nach Feststellungen des Berufsverbands Deutscher Geowissenschaftler ein durchschnittliches Smartphone Bauteile, an denen ca. 75 verschiedene chemische Elemente beteiligt sind, von denen fast alle bergbaulich gewonnen werden.

Jeder Bundesbürger verbraucht im Jahr statistisch 2,7 t Bausand und -kies, 2,5 t gebrochene Natursteine, 600 kg Kalkstein, mehr als 300 kg Eisen und Stahl oder 175 kg Steinsalz (BGR 2017).

Der Bergbau oder die Nutzung von Bodenschätzen ist eine der ältesten Tätigkeiten des Menschen überhaupt. Dass die Menschen schon im Neolithikum zu einer arbeitsteiligen, quasi industriellen Bergbauproduktion fähig waren, was zweifellos auch mit der Entwicklung entsprechender sozialer Strukturen verbunden war, belegen beispielsweise die ausgedehnten, rund 5000 Jahre alten Feuersteinbergwerke im Gebiet zwischen Aachen und Maastricht.

Bereits vor fast 10.000 Jahren, im präkeramischen Neolithikum, war im Orient der durchaus komplexe Prozess der Branntkalkherstellung bekannt (Salje 2004). Noch älter ist der bergmännische Abbau von Farberden wie Ocker oder Hämatit, der in Griechenland bis ca. 20.000 v. Chr. zurückreicht (Stöllner 2012). Auch der älteste bekannte Bergbaustollen auf der Erde in Ngwenya in Swaziland (Eswatini) im südlichen Afrika diente der Gewinnung von Eisenocker, der wohl als roter Farbstoff genutzt wurde (Abb. 1.2). Das Alter dieses Stollens beträgt 43.000 Jahre. Dieser Zeitraum entspricht der Weichsel-Kaltzeit in Europa. Zu dieser Zeit lebte hier noch der Neandertaler, und Nordostdeutschland stand der zweite Eisvorstoß der Weichsel-Kaltzeit noch bevor. Die damaligen Bergleute in Afrika benutzten Steinwerkzeuge aus Dolerit, einem Gestein, das dort örtlich nicht vorkommt und offenbar importiert wurde (Dart und Beaumont 1968; Baird 2004).

Abb. 1.2 Eingang des mesolithischen Bergbaustollens von Ngwenya, Swaziland (Eswatini)

Es ist bemerkenswert, dass die ältesten bekannten Bergbauaktivitäten des Menschen nicht der Befriedigung wirtschaftlicher Bedürfnisse, sondern der Gewinnung von Farberden für kulturelle Zwecke dienten (Clement 2018).

Genau besehen gibt es bergbauartige Tätigkeiten auch im Tierreich: Wenn eine Schwalbe gezielt Schlamm aus einer Pfütze holt, diesen durch Zusatz von Speichel und Stroh weiterverarbeitet und daraus ihr Nest baut, ist das sehr ähnlich zur Tätigkeit des Menschen, wenn er Ton gräbt, daraus Ziegel formt und sich ein Haus baut.

Trotzdem haftet der Rohstoffgewinnung seit einigen Jahren ein negatives Image an, und sie wird für viele Übel der Welt haftbar gemacht. So schreibt das Umweltbundesamt auf seiner Homepage:

Weltweit werden Jahr für Jahr mehr abiotische Rohstoffe aus der Natur ent-nommen. Sie werden zu Rohmaterial aufbereitet und verarbeitet, um den stetig steigenden Bedarf der Weltwirtschaft zu stillen. Dieser Trend verschärft die globalen Umweltprobleme wie den Klimawandel, die Bodendegradation oder den Verlust an biologischer Vielfalt zunehmend in ökologisch sensiblen Gebieten. (UBA 2019a)

Auch die Einschätzung der heutigen und zukünftigen Versorgung mit Rohstoffen wird sehr unterschiedlich dargestellt. So stellt die bei der Bundesanstalt für Geowissenschaften und Rohstoffe angesiedelte Deutsche Rohstoffagentur (DERA) fest:

> *Trotz der hohen Förderraten sind aus rohstoffgeologischer Sicht Metallerze, Energierohstoffe und Industrieminerale auch langfristig nicht knapp. Die Vergangenheit hat gezeigt, dass eher ein Rohstoffüberangebot entsteht und damit die Rohstoffpreise real fallen, als dass ein Rohstoffmangel zu beobachten wäre.* (DERA 2019)

Das Umweltbundesamt hingegen führt zu derselben Thematik aus:

> *Im Zuge der wachsenden Weltwirtschaft sind die Nachfrage nach Rohstoffen und damit die Rohstoffkosten in den vergangenen Jahrzehnten weltweit stark angestiegen. Neue Lagerstätten werden immer schwerer zugänglich. Der Aufwand sie zu erschließen steigt und damit auch der Preis für die geförderten Rohstoffe.* (UBA 2019b)

Für den außenstehenden Bürger und den mit der Materie nicht unbedingt vertrauten Politiker ist eine derart widersprüchliche Faktendarstellung durch zwei Bundesbehörden schwer nachvollziehbar und trägt nicht zur Glaubwürdigkeit und Akzeptanz der darauf aufbauenden politischen Entscheidungen bei. In der Folge wird heute in der Öffentlichkeit eigentlich jede Form von Rohstoffgewinnung kritisch hinterfragt und von vornherein zunächst negativ, zumindest skeptisch beurteilt. In vielen Regionen und in etlichen Medien wird das Vorhandensein von nutzbaren Rohstoffvorkommen heute eher als Belastung einer Region gesehen denn als das Auftreten eines Boden*schatzes* von volkswirtschaftlichem Wert.

Im Folgenden soll versucht werden, einige Aspekte dieser Diskussion näher zu beleuchten und von verschiedenen Seiten her zu betrachten:

- Was ist Raubbau?
- Kann Rohstoffgewinnung nachhaltig sein?
- Plündern wir unseren Planeten zu Lasten der nachfolgenden Generationen?
- Zerstört der Rohstoffabbau die Umwelt?

Es wird in dieser Ausarbeitung keine erschöpfende Behandlung aller Facetten der Zusammenhänge zwischen Rohstoffgewinnung und Nachhaltigkeit angestrebt. Es sollen vielmehr schwerpunktmäßig aus Sicht des Geowissen-schaftlers einige Themenkomplexe aufgegriffen und diskutiert werden, über die in der breiten Bevölkerung oft Wissensdefizite und Fehlinformationen vorliegen.

Unter *Bergbau* sollen hier grundsätzlich alle Formen der Gewinnung von mineralischen Rohstoffen verstanden werden, also der Untertagebergbau ebenso wie Tagebaue, Steinbrüche oder Kiesgruben, aber auch der Bohr-lochbergbau auf Erdgas, Erdöl oder Salzsole. Die Rohstoffgewinnung ist ein komplexer Prozess, der nicht nur aus dem eigentlichen Rohstoffabbau besteht, sondern zu dem zwingend auch ein Vorlauf durch Exploration und Lagerstättenerkundung gehört und ebenso eine Nachsorge durch Ver-wahrung und Rekultivierung eines aufgegebenen Abbaus – in welcher Form auch immer. Die drei Faktoren Lagerstättenerkundung, Rohstoffabbau und Nachsorge sind nicht voneinander zu trennen.

Literatur

Baird, B. (2004). Ancient mining in Swaziland. *The Edinburgh Geologist, 42*, 28–30.

BGR (Bundesanstalt für Geowissenschaften und Rohstoffe). (2017). Heimische mineralische Rohstoffe – Unverzichtbar für Deutschland, 80 S., Hannover: BGR

Clement, A. B. (2018). Bergrot, Bergblau, Kupfersalze und die Kraft der Sicheln. In M. Held, R. D. Jenny, & M. Hempel (Hrsg.), *Metalle auf der Bühne der Mensch-heit* (S. 191–200). München: Oekom.

Dart, R. A., & Beaumont, P. B. (1968). Ratification and retrocession of earlier Swaziland iron ore mining radiocarbon datings. *South African Journal of Science, 64*, 241–246.

DERA (Deutsche Rohstoffagentur in der Bundesanstalt für Geowissenschaften). (2019). DERA-Rohstoffliste 2019. *DERA-Rohstoffinformationen, 40*, 116 S.

Oekom e. V. (Hrsg.). (2016). Glück Auf? Bergbau vor der Zeitenwende. *Politische Ökologie, 144*, 144 S.

Oxenfarth, A. (2016). Editoral zu „Glück Auf? Bergbau vor der Zeitenwende". *Politische Ökologie, 144*, 7.

Salje, B. (2004). Die Statuen aus Ain Ghazal – Begegnung mit Figuren aus einer vergangenen Welt. In *10.000 Jahre Kunst und Kultur in Jordanien. Gesichter des Orients*, 31–36. Bonn: Kunst- und Austellungshaller der BRD.

Stöllner, T. (2012). Der vorgeschichtliche Bergbau in Mitteleuropa. In C. Bartels, R. Slotta, & K. Tenfelde (Hrsg.), *Geschichte des Deutschen Bergbaus* (Bd. I, S. 691). Münster: Aschendorff.

UBA (Umweltbundesamt). (2019a). https://www.umweltbundesamt.de/themen/abfall-ressourcen/ressourcenschonung-in-produktion-konsum/abiotische-roh-stoffe-schonend-gewinnen#textpart-1. Zugegriffen: 13. Nov. 2019.

UBA (Umweltbundesamt). (2019b). https://www.umweltbundesamt.de/daten/ressourcen-abfall/rohstoffe-als-ressource. Zugegriffen: 13. Nov. 2019.

2

Kritik am Bergbau – eine alte Geschichte

Bereits im ältesten Lehrbuch der Bergbauwissenschaften im deutschsprachigen Gebiet, in Georg Agricolas *Zwölf Büchern vom Berg- und Hüttenwesen* aus dem Jahr 1556, nimmt die Diskussion um den Sinn und Nutzen des Bergbaus und seine Umweltauswirkungen einen breiten Raum ein. Agricola diskutiert die seinerzeit vorgebrachten Einwände wirtschaftlicher, moralisch-ethischer und ökologischer Art zum Teil unter Rückgriff auf antike Quellen, in denen sich bereits ähnliche Erörterungen finden. Er kommt zu dem Schluss, dass der Bergbau dem Menschen nützlich ist und die durchaus erkannten Risiken und Probleme durch die wirtschaftliche Wertschöpfung bei Weitem aufgewogen werden. Ein Leben ohne die Bergbauprodukte, bei Agricola überwiegend die Metalle, ist in seinen Augen nicht vorstellbar. Die Skepsis, auf die der Bergbau schon seit der Antike immer wieder stößt, liegt zum Teil darin begründet, dass die Bergbautätigkeit oftmals im Verborgenen stattfindet und deshalb für den Laien nicht nachvollziehbar ist.

Die Diskussionen um die Rohstoffgewinnung sind nicht neu. Bereits Georg Agricola schreibt in seinen 1556 erschienenen *Zwölf Büchern vom Berg- und Hüttenwesen:* „Immer hat unter den Menschen eine gar große Meinungsverschiedenheit über den Bergbau geherrscht, indem die einen ihm hohes Lob zollten, die anderen ihn heftig tadelten." Agricola widmet das gesamte erste Buch seines Werkes der Erörterung der Frage, ob der Bergbau nützlich sei und der Menschheit diene und ob der Beruf des Bergmanns eine ehrbare Tätigkeit sei.

Die wichtigsten Punkte, welche die damaligen Bergbaugegner ins Feld führten, sind:

- Der Bergbau sei eine körperliche, schmutzige und gefährliche Arbeit, die keines wissenschaftlichen Hintergrundes bedürfe und deshalb minderwertig.

  Agricola vergleicht den Bergbau mit der Landwirtschaft, die ebenso körperliche Anstrengungen erfordert. Er stellt fest, dass die Zahl der Unglücke doch sehr begrenzt sei und vor allem den Unkundigen zustoße und dass ansonsten der Bergbau mannigfache naturwissenschaftliche und technische Kenntnisse erfordere, wenn er erfolgreich betrieben werden soll. (Zur Verbreitung dieser Kenntnisse sollte ja auch sein Werk beitragen). Diejenigen, die sich ohne die notwendigen Kenntnisse am Bergbau versuchen, erleiden oft Misserfolge und wirtschaftliche Verluste. Der kundige Bergmann aber vermeide Fehlinvestitionen und ziehe aus dem erfolgreichen Abbau Gewinn. Tatsächlich wurde der Bergbau – abgesehen vom Militärwesen – etwa 200 Jahre nach Agricola der erste technische Bereich, dem Mitte des 18. Jahrhunderts eigene Hochschulen gewidmet wurden, die Bergakademien. Die Bergakademie Freiberg (gegründet 1765) und die Bergakademie Clausthal (gegründet 1775) existieren als Technische Universitäten bis heute, ebenso die etwas jüngere Montanuniversität Leoben in Österreich.

- Der Bergbau sei wirtschaftlich sehr unsicher und gewähre keinen beständigen Gewinn.

  Agricola räumt ein, dass das wirtschaftliche Risiko beim Bergbau höher sei als bei vielen anderen Gewerben. Ist eine Grube jedoch erfolgreich, so sei der Gewinn sehr groß. Das Risiko des Bergbaus lasse sich aber mindern, wenn man über die entsprechenden Kenntnisse verfügt und nicht aufs Geratewohl nach Erzen schürft. Ansonsten gäbe es aber auch durchaus Bergbaureviere, die über Jahrhunderte hinweg beständig Ausbeute und Gewinn liefern. Agricola erwähnt hier als Beispiele die Gruben von Freiberg und Goslar, die zu seiner Zeit bereits seit 400 bzw. 600 Jahren erfolgreich betrieben wurden, und die Gold- und Silbergruben von Schemnitz und Kremnitz (heute: Banska Štiavnica bzw. Kremnica, Slowakei), die schon seit 800 Jahren in Betrieb seien. Darüber hinaus würden die Bergwerke nicht von einem Bergmann allein, sondern von mehreren Unternehmern gemeinsam betrieben. Umgekehrt würden verständige Bergbautreibende auch nicht nur in eine Grube, sondern in mehrere Gruben investieren. Hierdurch würde sich das wirtschaftliche Risiko streuen.

- Die Produkte des Bergbaus seien schädlich für die Menschheit: Gold und Silber fördern die Habgier, aus den Metallen werden Waffen geschmiedet, aus Bronze Kanonen gegossen und Blei findet in den Kugeln der „Donnerbüchsen" Verwendung.

Besonders den Einfluss des materiellen Reichtums auf die Moral der Menschen diskutiert Agricola anhand etlicher Zitate antiker Autoren. Dabei zeigt sich, dass die Diskussion um das Für und Wider des Bergbaus bis in diese Zeit zurückreicht. So führt Agricola ein Zitat Ovids (43 v. Chr. bis 7 n. Chr.) an, der Eisen und Gold als „Anreizung aller Verbrechen" ansieht:

> *Auch nicht Saaten allein und schuldige Nahrung erzwang man von dem so reichen Gefild; man drang in die Tiefen der Erde, und wie sorgsam versteckt und entrückt zu den Stygischen Schatten, grub man hervor jene Schätze, die Anreizung aller Verbrechen. Und schon war schädliches Eisen, war Gold, heilloser als Eisen, aufgewühlt, da erhob sich der Krieg.* (Ovid, Metamorphosen, 1. Gesang, Kapitel 3, Vers 137–142).

Demgegenüber argumentiert Agricola, der Nutzen der Metalle überwiege bei Weitem die schädliche Verwendung. Ohne Eisen gäbe es keine Werkzeuge, die unentbehrlich für jede handwerkliche Tätigkeit oder die Arbeit des Landmanns sind. Ohne die Metalle, so Agricola, werde dem Menschen jede Möglichkeit genommen, ein „unserer Kultur entsprechendes Leben zu führen". Er würde auf den Stand der „Wilden Tiere" zurückfallen. Das Münzmetall habe die Tauschwirtschaft überflüssig gemacht und erst den Handel ermöglicht. Man könne sich nichts Nützlicheres denken als das Geld, denn ein kleines Stück Gold oder Silber repräsentiere einen großen Wert, und Völker, die weit voneinander entfernt leben, könnten so ohne Schwierigkeiten miteinander Handel treiben. Letztlich liege es am Menschen, ob er die Güter gut oder schlecht anwendet: „Treffliche Männer brauchen sie gut, und ihnen sind sie nützlich, schlechte aber schlecht, und ihnen sind sie unnütz."

- Es sei ethisch nicht zu verantworten, die Erze, welche die Natur vor dem Menschen in der Tiefe verborgen hat, auszugraben und zu nutzen.

Agricola hält diese Bedenken für gotteslästernd, denn sie würden implizieren, dass Gott diese Dinge vergebens und ohne Grund geschaffen habe. Vielmehr seien die Erze durch ihre Entstehung an bestimmte Orte „in den Eingeweiden der Erde" gebunden. Und ebenso, wie man die Fische fange, die ja im Meer oder in Seen ebenfalls dem Blick des Menschen entzogen sind, sei es gerechtfertigt, auch die Erze aus dem Boden zu graben.

Die Schriften des Alten Testaments sehen die Bodenschätze grundsätzlich positiv. So werden Gold und Edelsteine als Elemente des Garten Eden erwähnt (1. Mose, 2, 12), und bei der Beschreibung des „Gelobten Landes" wird das Vorkommen von Eisenerz und Kupfer hervorgehoben: „[…] ein Land, in dem du nicht armselig dein Brot essen musst, in dem es dir an nichts fehlt, ein Land, dessen Steine aus Eisen sind, aus dessen Bergen du Kupfer gewinnst.[…]" (5. Mose, 8, 9). Im Buch Hiob (Hiob, 28: 1–11) wird der Bergbau als damalige Spitzenleistung des menschlichen Forscherdrangs ausführlich dargestellt und der Wert der Bodenschätze gepriesen: „[…] Auch legt man die Hand an die Felsen und gräbt die Berge um. Man reißt Bäche aus den Felsen und alles was köstlich ist, sieht das Auge […]."

Allerdings wird dies verknüpft mit der Aussage, dass auch in den Tiefen der Erde die Weisheit nicht zu finden sei, ebenso wenig wie beispielsweise auf dem Meer, denn „sie wird nicht gefunden im Lande der Lebendigen", und nur „Gott allein kennt ihre Stätte" (Hiob, 28: 13, 23).

Diese biblischen Quellen werden von Agricola allerdings nicht angeführt.

- Durch das Schürfen nach Erz würden die Felder verwüstet. Wälder und Haine würden umgehauen, denn man bedürfe zahlloser Hölzer für „die Gebäude und das Gezeug" und um die Erze zu schmelzen. Durch das Abholzen der Wälder würden die Tiere ausgerottet, die den Menschen als Nahrung dienten. Durch das Waschen der Erze würden die Flüsse vergiftet und die Fische getötet. Somit würde durch den Bergbau für die Anwohner mehr Schaden als Nutzen angerichtet (Agricola 1556, S. 6). Auf diesen sehr modern erscheinenden Einwand entgegnet Agricola, dass der Bergbau meist in Regionen stattfinde, die für die Landwirtschaft keine große Bedeutung besitzen, und die gerodeten Flächen würden anschließend zu Ackerland umgewandelt, dessen zusätzlicher Ertrag die Belastungen für die Anwohner mehr als ausgleiche. Der Gewinn aus erfolgreichem Bergbau würde ohnehin die eingetretenen Schäden ausgleichen, so dass z. B. Fisch und Fleisch aus anderen Gebieten eingekauft werden könnten (Agricola 1556, S. 12). Die Umwandlung von abgeholzten Waldflächen in Ackerland wird von Agricola – wohl noch in Folge der mittelalterlichen Rodungstätigkeit – positiv bewertet. Die negativen Auswirkungen auf die Waldbestände wurden von ihm nicht erkannt. Wie die spätere Entwicklung dann erwies, waren die Einwände der Bergbaukritiker bezüglich des Holzverbrauchs durch den Bergbau seinerzeit durchaus berechtigt (Abschn. 4.1).

Es ist erstaunlich, dass der Bergbau, der ja wahrscheinlich die früheste gewerbliche Tätigkeit des Menschen überhaupt darstellt, und dessen Nutzen und Unverzichtbarkeit eigentlich offensichtlich sind, über Jahrhunderte hin immer wieder in Frage gestellt wird und seine Existenz und Notwendigkeit rechtfertigen muss. Wahrscheinlich liegt das darin begründet, dass die Arbeit des Bergmanns unter Tage im Verborgenen stattfindet und deshalb für den Nicht-Bergmann eine Misstrauen erweckende „Black Box" bleibt.

Das oft von Heimlichkeiten begleitete Treiben der Prospektoren, die in abgelegenen Wald- und Gebirgsgegenden nach Mineralien suchten, hat sicherlich das Misstrauen der Bevölkerung hervorgerufen. Das rätselhafte Verhalten der Erzsucher hat vermutlich zum Entstehen vieler volkstümlicher Sagen beigetragen, in denen z. B. Zwerge in den Bergen verborgene Schätze hüten. Besonders das Auftreten der sogenannten Venediger oder Walen im späten Mittelalter beflügelte die Phantasie der ortsansässigen Bergbewohner. Es handelte sich dabei wahrscheinlich um venezianische Kundschafter auf der Suche nach Mineralien wie Mangan- oder Kobalterzen, wie sie von den Glasmachern in Murano zum Färben der dort hergestellten Glaswaren benötigt wurden (Schramm 1990).

Das scheinbar Geheimnisvolle, das die Rohstoffgewinnung umgibt, stellt auch heute die Rohstoffindustrie unter einen Erklärungs- und Rechtfertigungszwang, der sich im Wesentlichen aus der Uninformiertheit eines großen Teils der Bevölkerung speist: Steinbrüche fressen sich als Wunden in die Landschaft, sie erzeugen Lärm und Staub, und der LKW-Verkehr verstopft die Straßen. Das sind die Klischees, die viele Menschen im Kopf haben, wenn sie das Stichwort „Steinbruch" hören. Falsch ist das natürlich nicht – jeder Steinbruchbetrieb bringt, wie jedes andere Industrieunternehmen, zweifellos Belastungen für seine Umgebung mit sich.

Aber warum gibt es Steinbrüche überhaupt? Wozu wird das Material, das dort gewonnen wird, eigentlich genutzt? Und wie geht der Steinabbau vonstatten? Das sind Fragen, auf die der Bürger nur schwer Antworten findet. Die meisten Steinbruchgelände sind aus Sicherheitsgründen abgesperrt, Schutzwälle und dichte Bepflanzungen sollen die Umwelt vor Staub und Lärm schützen, verhindern aber den Einblick in das Geschehen im Steinbruch. So bleibt der Steinbruch für den Bürger oft eine verschlossene Welt, von der er nur die negativen Auswirkungen wahrnimmt.

Neben der allgemeinen Öffentlichkeitsarbeit, die aber häufig wenig Wirkung zeigt, sind öffentlich zugängliche Aussichtspavillons oder -plattformen, von denen man einen ungehinderten Blick in das Steinbruchgelände hat und den Produktionsablauf verfolgen kann, eine Möglichkeit, die Rohstoffgewinnung für den Bürger verständlicher zu machen

Abb. 2.1 Aussichtsplattform an einem Steinbruch im Ruhrgebiet. **a** Aussichtsplattform mit Erläuterungstafel. **b** Blick in den Steinbruch

(Abb. 2.1). Ergänzend können Erläuterungstafeln die geologischen Verhältnisse, die Abbautechnik, die Verwendung des Rohstoffs und die geplante Rekultivierung erklären. Derartige Einrichtungen tragen dazu bei, die „Black Box Steinbruch" für den Bürger transparenter zu machen und damit Vorbehalte gegen seinen Betrieb abzubauen.

Die Aktivitäten des untertägigen Bergbaus sind für den außenstehenden Bürger noch schwerer erfassbar als die Steinbruchtätigkeit. Er hat kaum die Möglichkeit, sich ein Bild von der Technik und den Arbeitsbedingungen im modernen Bergbau zu machen.

Literatur

Agricola, G. (1556). *De re metallica libri XII (Zwölf Bücher vom Berg- und Hüttenwesen.* (Nachdruck 1977: 508 S.). München: dtv.

Agricola, G. (1557). Vom Bergwerck. XII Bücher darin alle Empter/Instrument/ Gezeuge ... beschrieben seindt (1. deutsche Aufl.). Basel.

Ovid (Publius Ovidius Naso). Metamorphoseon libri (Metamorphosen). (Übers. u. Hrsg. M. v. Albrecht) (1019 S.). Ditzingen: Reclam.

Schramm, R. (1990). *Venetianersagen von geheimnisvollen Schatzsuchern* (3. Aufl., 295 S.). Leipzig: Dt. Verl. Grundstoffundustrie.

3

Klärung von Begriffen

Wichtige lagerstättenkundliche Begriffe wie „Rohstoffvorkommen", „Lager-stätte", „Bauwürdigkeit" sowie „Reserve" und „Ressource" werden erläutert. Außerdem wird gezeigt, dass diese Begriffe weniger geologischer Natur sind, sondern wirtschaftliche Begriffe, die dynamisch von den jeweiligen Markt-bedingungen bestimmt werden. Teilweise werden diese Begriffe in den Umweltwissenschaften anders benutzt als in den Montanwissenschaften. Der ursprünglich aus dem Bergwesen stammende Begriff „Raubbau", der zunächst einen unsachgemäßen Rohstoffabbau bezeichnete, wurde im Laufe der Zeit auch auf andere Wirtschaftsbereiche übertragen und hat dabei einen Bedeutungswandel erfahren. Der moderne Begriff „Nachhaltigkeit" beschrieb zunächst „enkelgerechtes" Wirtschaften. Seine Bedeutung wurde politisch aus-geweitet auf generell generationengerechtes, umweltverträgliches und sozial verantwortungsvolles Handeln in fast allen Lebensbereichen. Er wird heute meist im Zusammenhang mit regenerativen Wirtschafts- und Sozialsystemen benutzt. Seine Anwendbarkeit auf die Rohstoffversorgung wird diskutiert.

3.1 Vorkommen und Lagerstätte, Reserve und Ressource

Der Terminus *Rohstoff* bezeichnet in der vorliegenden Ausarbeitung natür-liche, abiotische, mineralische Substanzen. Nach dem *Lexikon der Geo-wissenschaften* (2001/2002) wird wirtschaftsgeologisch unterschieden zwischen Rohstoffvorkommen und Lagerstätten. Ein *Rohstoffvorkommen* ist ganz allgemein das Auftreten von Materialien in der Erdkruste, die für den Menschen prinzipiell nutzbar sind. Ist ein Rohstoffvorkommen so beschaffen, dass eine wirtschaftliche Nutzung in Frage kommt, handelt es sich um eine *Lagerstätte*. Der Begriff „Lagerstätte" ist nach dieser Definition eigentlich kein geowissenschaftlicher Begriff, sondern ein wirtschaftlicher.

Das sei an einem Beispiel erläutert: Bis 1974 wurden in Ramsbeck im Sauerland mehr als 500.000 t Blei- und Zinkerze pro Jahr mit Gewinn abgebaut. Obwohl noch große technisch gewinnbare Erzvorräte bekannt sind, wurde das Bergwerk am 31. Januar 1974 stillgelegt. Die Weltmarktpreise für Blei und Zink werden an der Londoner Börse in Britischen Pfund (£) ermittelt; die Kosten im deutschen Bergbau, d. h. vor allem die Löhne und Gehälter und sonstigen Betriebskosten, wurden seinerzeit in DM gezahlt. Im Jahr 1971 entsprach 1 £ noch 8,50 DM. Nach mehreren Abwertungen des Pfund bzw. Aufwertungen der Mark entsprach 1974 1 £ aber nur noch etwa 6 DM. Damit waren die Erlöse im Verhältnis zu den Kosten um fast 30 % gesunken, und der Abbau in Ramsbeck war unwirtschaftlich geworden. Die bisherige Lagerstätte war nur noch ein Erzvorkommen. Dies hatte rein währungspolitische Gründe und nichts mit der Geologie der Lagerstätte oder der Bergbautechnik zu tun. Vom Erzinhalt her ist das Vorkommen keineswegs „erschöpft".

Die Grenze zwischen Vorkommen und Lagerstätte ist die *Bauwürdigkeitsgrenze* oder der *Cut-off*. Damit ist die Qualitätsgrenze einer Lagerstätte gemeint, die mindestens erreicht werden muss, um einen wirtschaftlichen Abbau zu ermöglichen. Das kann z. B. die Mindestmächtigkeit von Kohleflözen sein oder ein Mindestmetallgehalt von Erzen. Wie der Begriff der Lagerstätte ist auch die Bauwürdigkeit in diesem Sinne wirtschaftlich definiert, nicht geologisch. Ein oberflächennah liegendes Erzvorkommen mit geringen Metallgehalten kann wirtschaftlich gewinnbar sein. Ein ähnliches Vorkommen in 1000 m Tiefe ist trotz höherer Metallgehalte möglicherweise unwirtschaftlich. Der Cut-off ist keine feste Größe, sondern hängt von verschiedenen wirtschaftlichen und technischen Faktoren ab, letztlich von der Relation zwischen den Gewinnungskosten und dem erzielbaren Erlös zum Zeitpunkt des Abbaus. Ist die Qualität der Mineralanreicherung besser als der Cut-off, ist sie eine Lagerstätte, ist sie schlechter, ist sie nur ein Rohstoffvorkommen.

Bei den meisten Lagerstätten ist es unvermeidlich, wegen des technisch-wirtschaftlich definierten Cut-offs ärmere Teile des Vorkommens ungenutzt zu lassen. Im Steinkohlebergbau an der Ruhr waren in den 1950er Jahren bei händischem Abbau Flöze ab 50 cm Mächtigkeit in steiler Lagerung wirtschaftlich gewinnbar; später, im vollmechanisierten Abbau, nur noch Flöze von deutlich über 1 m Mächtigkeit in flacher Lagerung. Die dünnen Flöze und die Flöze in steiler Lagerung blieben, weil nicht bauwürdig, ungenutzt.

Sinken die Rohstoffpreise, können bisher lukrative Lagerstätten unwirtschaftlich werden. Das Beispiel Ramsbeck wurde schon erwähnt. Umgekehrt wird bei veränderten Bedingungen wie steigender Nachfrage, höheren Rohstoffpreisen oder verbesserter Abbautechnik ein *Nachlesebergbau* möglich: Die Kleinzechen des Ruhrgebiets konnten in der Notzeit nach dem Zweiten Weltkrieg wegen der extrem gestiegenen Nachfrage auf den lokalen Märkten Restvorräte der Kohlelagerstätte abbauen und absetzen, deren Gewinnung unter regulären Rahmenbedingungen zuvor nicht wirtschaftlich gewesen war.

Es ist immer wieder in der Bergbaugeschichte vorgekommen, dass ursprünglich als nicht nutzbar eingestuftes Material auf Halde geworfen wurde – entweder weil seine Qualität nicht den aktuellen Anforderungen entsprach oder weil es sich um Mineralien handelte, für die es keine Abnehmer und keinen Markt gab. Bei veränderten wirtschaftlichen oder technologischen Bedingungen wurde dieses Material dann wertvoll, so dass es sich lohnte, die alten Halden wieder aufzuarbeiten (Abschn. 5.2.5).

Weitere wichtige Begriffe im Zusammenhang mit der Rohstoffgewinnung beschreiben die Vorratssituation von Bergbaurohstoffen: Die Vorräte werden unterschieden in „Ressourcen" und „Reserven" (Wellmer 2008; BGR 2009): *Ressourcen* sind Rohstoffvorkommen, die noch nicht wirtschaftlich zu fördern oder die noch nicht sicher ausgewiesen sind, aber aufgrund geologischer Indikatoren erwartet werden. *Reserven* umfassen den quantifizierbaren, sicher nachgewiesenen und mit bekannter Technologie wirtschaftlich gewinnbaren Inhalt von Lagerstätten. Die Reserven sind eine Teilmenge der Ressourcen. Da diese Unterscheidung für die wirtschaftliche Bewertung von Rohstoffvorkommen eine entscheidende Rolle spielt, gibt es bestimmte, international gültige Standards, z. B. den in Kanada entwickelten CIM Definition Standard (CIM 2014), nach denen diese Bewertung erfolgt. Für die Energierohstoffe hat die Bundesanstalt für Geowissenschaften und Rohstoffe eine eigene Klassifikation entwickelt, da hierfür kein international einheitlicher Standard existiert (BGR 2009).

Im Zusammenhang mit der Nachhaltigkeitsdiskussion wird der Begriff *Ressource* seitens der Umweltwissenschaften anders benutzt:

Mittel, das in einem Prozess genutzt wird oder genutzt werden kann. Eine Ressource kann materieller oder immaterieller Art sein. Wird im umweltwissenschaftlichen Kontext der Begriff „Ressource" verwendet, ist damit eine „natürliche Ressource" gemeint. Anders als hier wird der Ressourcenbegriff oft auch sehr eng gefasst im Sinne von Rohstoffen verwendet. (UBA 2012)

Noch ausführlicher:

> *Natürliche Ressourcen sind alle Bestandteile der Natur, die für den Menschen einen Nutzen stiften, sei es direkt durch ihren konsumtiven Ge- oder Verbrauch oder indirekt als Einsatzstoffe bei der Produktion von Sachgütern und Dienstleistungen (nicht-erneuerbare Rohstoffe, fossile Energieträger; erneuerbare, nachwachsende Rohstoffe; genetische Ressourcen; ständig fließende Ressourcenströme wie Sonnenenergie, Wind und Wasser; der Boden). Zu diesen relativ gut abgrenzbaren Elementen des Naturvermögens sind solche Leistungen hinzuzurechnen, die die Natur indirekt in sehr viel umfassenderer Weise für den Menschen erbringt: Die Aufnahme von Emissionen (Senkenfunktion) und die Aufrechterhaltung ökologisch-biogeochemischer Systeme, die Biodiversität, die globalen Stoffkreisläufe sowie der atmosphärische Strahlungshaushalt. Diese Funktionen und Systeme bilden eine essentielle Voraussetzung für die Verfügbarkeit der ökonomisch direkt verwertbaren Ressourcen und gewährleisten das Überleben der Menschheit an sich.* (UBA 2002, S. 341)

Diesem weit gefassten Begriff „Ressource" steht der Begriff *Rohstoff* gegenüber, der nach Giegrich et al. (2012, S. 6) einen Stoff oder ein Stoffgemisch darstellt, „der/das als eine natürliche Ressource bis auf die Lösung aus seiner/ihrer natürlichen Quelle noch keine Bearbeitung erfahren hat. Der Rohstoff wird aufgrund seines Gebrauchswertes aus der Natur gewonnen und entweder direkt konsumiert oder als Ausgangsmaterial für die weitere Verwendung in der Produktion eingesetzt."

Im Gegensatz zu dieser Auffassung von Giegrich et al. (2012) entspricht dieser Rohstoffbegriff nicht dem geowissenschaftlichen Begriff „Ressource". Der Rohstoff im Sinne von Giegrich et al. (2012) bezeichnet einen Stoff, der per Definition „aus seiner natürlichen Quelle gelöst" wurde, d. h., er wurde bereits bergmännisch gewonnen. Die Ressource im geowissenschaftlich-bergbaulichen Sinne bezeichnet eine Rohstoffmenge, die sich noch in der unverritzten Lagerstätte befindet (BGR 2009). Nach dem Glossar des Umweltbundesamtes (UBA 2012) ist ein Rohstoff ein „Stoff oder Stoffgemisch in un- oder gering bearbeitetem Zustand, der/das in einen Produktionsprozess eingehen kann". Dabei werden u. a. fossile Rohstoffe beschrieben als ein „Rohstoff, der sich in geologischen Zeiträumen gebildet hat, also nicht erneuerbar ist. Hierzu zählen die fossilen Energieträger, aber auch die mineralischen Rohstoffe." Abiotische und mineralische Rohstoffe sind danach ein „durch zumeist natürliche Vorgänge entstandener Rohstoff, der – von wenigen Ausnahmen abgesehen – anorganisch und kristallin vorliegt. Hierzu zählen Gesteine, Salze und Erze."

Der Begriff Ressource wird schließlich auch im übertragenen Sinn auf die Arbeitskraft oder die kreativen Fähigkeiten des Menschen angewendet („Human Resources") (Abschn. 6.1).

Die Kenntnis dieser unterschiedlichen Definitionen der Begriffe in den verschiedenen Fachrichtungen ist wesentlich. Um Missverständnisse zu vermeiden, wird im Folgenden statt des gegebenenfalls mehrdeutigen Begriffs Ressource zum Teil auch der anschaulichere Terminus „Vorrat" benutzt.

3.2 Raubbau

Eine frühe und umfassende bergmännische Definition des Begriffs *Raubbau* findet sich 1871 im Deutschen Bergwörterbuch:

> *Raubbau m. – derjenige Abbau, bei welchem auf eine rationelle und vollständige Gewinnung sowie auf späteren Betrieb keine Rücksicht genommen, sondern blos der augenblicklich und mit geringem Kostenaufwande zu erzielende Gewinn ins Auge gefasst und daher nur das Beste gewonnen wird.* (Veith 1870/1871)

Das modernere *Kleine Bergbaulexikon* (Fachbereich Bergtechnik 1979) definiert den Raubbau ähnlich:

> *Raubbau: unvollständiger Abbau einer Lagerstätte, bei dem nur kurzfristige Gewinnmaximierung angestrebt wird.*

Man könnte auch sagen, es handelt sich um eine Art von „Rosinenpicken". Nur die besten, gewinnbringendsten Lagerstättenteile werden genutzt. Der eigentlich auch noch verwertbare Rest bleibt liegen. Er wäre trotz eines geringeren Wertes zusammen mit den besten Lagerstättenteilen in Mischkalkulation auch noch gewinnbringend zu verwerten. Für sich allein genommen ist er dagegen später wirtschaftlich kaum noch zu nutzen. Will man Raubbau in diesem Sinne definieren, so handelt es sich letztlich um eine *Unterforderung* der Lagerstätte – es wäre mehr herauszuholen, wenn auch mit geringerem Gewinn oder in längerer Zeit.

Ein Beispiel für derartigen Raubbau löste der Erlass der Bergfreiheit für den Kommerner Bleiberg bei Mechernich in der Eifel durch den Fürsten von Arenberg 1563 aus: Er erklärte den Bleiberg zu einem „freien Berg, auf dem jeder ohne Unterschied des Glaubens, des Vaterlandes und der Geburt zu bergen befugt sei". Darüber hinaus befreite er die Bergleute von zahlreichen Abgaben und behielt sich nur die Erhebung des Bergzehnten vor. In der Folge fand ein hemmungsloser und völlig ungeordneter Raubbau durch eine Unzahl von Kleinbergwerken statt. Um den unhaltbaren Zuständen zu begegnen, wurde dann schon 1578 eine strenge Bergordnung erlassen, die den Bergbau bis ins Detail regelte (Schalich et al. 1986, S. 22 f.). Trotzdem kam der Bergbau dort auf Grund der vorangegangen Verwüstungen 1583 fast völlig zum Erliegen.

Die Begriffe *vollständiger* bzw. *unvollständiger Abbau* einer Lagerstätte sind allerdings nicht eindeutig zu definieren. Sie sind abhängig von der Bauwürdigkeit des Rohstoffvorkommens, die wiederum – wie dargelegt – von äußeren, wirtschaftlichen Faktoren gesteuert wird. Konzentriert sich der Abbau in Zeiten niedriger Rohstoffpreise nur auf die reichsten und am einfachsten zu gewinnenden Teile, um wirtschaftlich zu bleiben, so ist dies aus der Gesamtsicht der Lagerstättenbewirtschaftung sicherlich eine Form von Raubbau, trotzdem aber unvermeidlich. Die Frage des vollständigen Abbaus eines Rohstoffs ist daher immer unter dem Blickwinkel der jeweilig aktuellen wirtschaftlichen Rahmenbedingungen zu sehen. Tatsächlich gibt es kaum einen stillgelegten Bergbau, bei dem nicht Restvorräte verblieben sind, die aber zum Zeitpunkt der Stilllegung nicht mehr wirtschaftlich gewinnbar waren.

Eine weitere Form des Raubbaus kann auch eine angestrebte maximale Fördermenge in Bezug auf die zur Verfügung stehenden Kräfte sein. Dies war z. B. im Zweiten Weltkrieg der Fall, als einerseits höchste Leistung der Gruben angestrebt wurde, aus Mangel an Arbeitskräften aber eigentlich notwendige Aus- und Vorrichtungsarbeiten oft unterblieben. Die Bergwerke lebten also nur von der Substanz, ohne Vorsorge für einen zukünftigen Abbau zu treffen.

Schließlich gibt es noch eine technische Form des Raubbaus: Wenn z. B. durch übermäßige Entnahme des Rohstoffs ohne entsprechende Sicherheitsvorkehrungen das Grubengebäude so weit geschwächt wird, dass es zum Einsturz kommt, stellt dies nicht nur eine unmittelbare Gefahr für die Beschäftigten dar, sondern kann auch existenzbedrohend für das ganze Bergwerk sein.

Ein Beispiel hierfür ist der Gebirgsschlag von Völkershausen im Thüringer Kalibergbau 1989, der wegen des Kollapses unterdimensionierter Sicherheitspfeiler zum Zusammenbruch eines 6,8 km² großen Abbaufeldes führte und durch den es zu gravierenden Schäden an der Erdoberfläche kam (Leydecker et al. 1998).

Heute wird der Begriff „Raubbau" aber oft in einem viel weiteren, übertragenen Sinn benutzt: Das *Lexikon der Geowissenschaften* definiert Raubbau wie folgt:

[…] kurzfristige Wirtschaftsweise, die nur auf den kurzfristigen maximalen Ertrag ausgerichtet ist und die negativen Auswirkungen auf die genutzte Ressource unberücksichtigt lässt. Die natürlichen Ressourcen werden ohne Rücksicht auf ihre Regenerationsfähigkeit und das Naturraumpotenzial ausgebeutet. Ein Ressourcenmanagement, wie es bei einer nachhaltigen Nutzung betrieben wird, fehlt beim Raubbau weitgehend. Zum Raubbau zählen z. B. eine Landwirtschaft, welche die Bodenfruchtbarkeit langfristig nicht erhalten kann, eine Forstwirtschaft, die mehr Holz nutzt, als in der gleichen Zeit nachwachsen kann oder die Überweidung von Steppen und Savannen. (Lexikon der Geowissenschaften 2001/2002)

Eigenartigerweise *(Lexikon der Geowissenschaften!)* wird hier der Bergbau überhaupt nicht mehr erwähnt, sondern nur die Nutzung regenerationsfähiger wirtschaftlicher Systeme („Landwirtschaft", „Forstwirtschaft") betrachtet. Die Anwendung des Begriffs „Raubbau" auf den Bergbau als Gewinnung nichtregenerativer Rohstoffe erscheint damit entweder nicht relevant zu sein oder aber immer zutreffend und deshalb nicht erwähnenswert. Nach dieser Definition wäre Bergbau mit Raubbau gleichzusetzen, wenn kein nachhaltiges Ressourcenmanagement betrieben würde.

Hierher gehört auch der im übertragenen Sinn benutzte Begriff des „Raubbaus an den Kräften des Menschen", die überfordert werden und denen man eben keine Regenerationsmöglichkeit gönnt. Bei dieser Übertragung des bergmännischen Begriffs in andere Bereiche hat er interessanterweise einen Bedeutungswandel erfahren. Stellt der Raubbau im Bergbau ursprünglich eine *Unterforderung* der Lagerstätte dar, zielt der Raubbau im übertragenen Sinn auf eine *Überforderung* der Ressourcen und ihrer Regenerationsfähigkeit ab.

Der *Duden* (2019) definiert Raubbau dann auch allgemeiner als das Bergbaulexikon als „extreme wirtschaftliche Nutzung, die den Bestand von etwas gefährdet".

3.3 Nachhaltigkeit

Es ist offensichtlich, dass *Nachhaltigkeit* einen Gegensatz zum *Raubbau* darstellt:

Nachhaltigkeit ist ein Handlungsprinzip zur Ressourcen-Nutzung, bei dem eine dauerhafte Bedürfnisbefriedigung durch die Bewahrung der natürlichen Regenerationsfähigkeit der beteiligten Systeme (vor allem von Lebewesen und Ökosystemen) gewährleistet werden soll. (Wikipedia)

Betrachtet man diese Definition, so beschreibt sie letztlich ein Perpetuum mobile: Das System soll einerseits etwas liefern, nämlich „dauerhaft Bedürfnisse befriedigen", sich andererseits aber ebenso dauerhaft regenerieren können. Es gibt in der Natur aber keine dauerhaft stabilen, sich „bewahrenden" Zustände oder Systeme. „Die Natur ist nicht nachhaltig", sondern besteht aus dynamischen, sich ständig verändernden und wechselseitig beeinflussenden Systemen (Küster 2019). Auch nachwachsende Rohstoffe verbrauchen etwas, Energie, Wasser, Nährstoffe – der Bauer weiß: „Wenn es gut wächst, ist es schlecht für den Boden." Auch eine Überforderung der Leistungsfähigkeit von Böden stellt eine Form von Raubbau dar. Tatsächlich muss jedem aktiven System in irgendeiner Form zumindest Energie zugeführt werden, wenn es stabil bleiben soll.

Das *Lexikon der Geowissenschaften* (2001) definiert Nachhaltigkeit in einem anschaulichen Bild als „Prinzip, wonach für eine ressourcenschonende Nutzung nur von den Zinsen eines Kapitals gelebt werden soll". Allerdings bleibt dabei die Frage offen, auf welche Art die Zinsen erwirtschaftet werden sollen. Ein nicht angelegtes Kapital kann keine Zinsen generieren.

Aus Sicht der Rohstoffwirtschaft erscheint es zunächst fraglich, ob der so definierte Begriff „Nachhaltigkeit" für die Rohstoffgewinnung überhaupt relevant ist. Die genannten Definitionen beziehen sich ausschließlich auf „regenerative" bzw. sich „verzinsende" Systeme – die Rohstoffgewinnung, das heißt die Entnahme von nichtregenerativen Rohstoffen, scheint auf den ersten Blick nicht dazu zu gehören.

In der Politik wird Nachhaltigkeit heute in einem sehr viel weiteren Sinn verstanden. Auf der UN-Konferenz von Rio de Janeiro 1992 wurde folgende Definition, die auf den Bericht der sogenannten Brundtland-Kommission „Our Common Future" aus dem Jahr 1987 zurückgeht, verabschiedet:

> [Nachhaltigkeit ist] eine wirtschaftliche und gesellschaftliche Entwicklung, welche in umfassender Weise die Bedürfnisse der gegenwärtigen Generation befriedigt, ohne die Fähigkeit zukünftiger Generationen zu gefährden, ihre eigenen Bedürfnisse zu befriedigen. (World Commission on Environment and Development 1987)

In diesem Sinne wird der Begriff „Nachhaltigkeit" in der politischen Diskussion durch die weitgehend synonym benutzten Begriffe „enkelgerecht" und „Generationengerechtigkeit[1]" ergänzt und erläutert. Die Deutsche Nachhaltigkeitsstrategie trägt den Untertitel *Der Weg in eine enkelgerechte*

---

[1]Korrekt wäre der Begriff „Generationengerechtheit", nicht „Generationengerechtigkeit".

Zukunft (Bundesregierung 2016). Das Problem, dass für die heutige Generation die Bedürfnisse und Notwendigkeiten der nachfolgenden Generationen nicht unbedingt vorhersehbar sind, wird dabei weitgehend ignoriert (Abschn. 5.2.5).

Im Jahr 2015 erweiterte die UNO den Begriff der „nachhaltigen Entwicklung" erheblich, und Ende September 2015 verabschiedete die Generalversammlung der Vereinten Nationen auf dem Weltgipfel für nachhaltige Entwicklung 17 Ziele zur Sicherung einer nachhaltigen Entwicklung auf ökonomischer, sozialer sowie ökologischer Ebene weltweit (Sustainable Development Goals; SDGs).

Diese reichen von „Armut bekämpfen" (SDG 1) bis „Partnerschaften zur Erreichung der Ziele aufbauen" (SDG 17) (Abb. 3.1). Die nachhaltige Versorgung der Menschheit mit den von ihr benötigten (abiotischen) Gütern (außer Wasser und Energie) zählt erstaunlicherweise aber *nicht* explizit zu diesen Zielen der Vereinten Nationen!

Die politische Definition im Sinne der Vereinten Nationen dehnt den Begriff der *Sustainability* auf fast alle Lebensbereiche aus und erklärt ihn quasi zur „Formel für die Rettung des Planeten" (Grober 2013). Durch diese heute übliche, inflationär angewachsene Benutzung des Begriffs *nachhaltig* im Sinn einer zugleich generationengerechten, umweltschonenden, sozial verantwortlichen und wirtschaftlich effektiven Handlungsweise im Zusammenhang mit fast jeder menschlichen Aktivität droht die ursprüngliche Bedeutung nach der Definition von 1992 aber immer mehr zu verschwimmen.

Abb. 3.1   Ziele für nachhaltige Entwicklung der UNO 2015

In der Nachhaltigkeitsstrategie der Bundesregierung (2016; Presse- und Informationsamt 2018) werden zu den einzelnen SDGs konkrete Ziele und Indikatoren definiert, durch deren Realisierung die Umsetzung des UN-Programms in Deutschland erreicht und überprüft werden soll. Auch dabei spielt die Frage der *Versorgungssicherheit* mit Energie und Rohstoffen keine erkennbare Rolle. Unter dem Ziel 7 der UN („Zugang zu bezahlbarer, verlässlicher, nachhaltiger und zeitgemäßer Energie für alle sichern") werden ausschließlich Konzepte zur Ressourcenschonung, zur Senkung des Primär-energieverbrauchs und zum Ausbau allein der erneuerbaren Energien ver-folgt. Dies ist zweifellos der Prämisse des Klimaschutzes geschuldet. Damit wird das Ziel 7 (Energieversorgung) in gewisser Weise dem Ziel 13 (Klima-schutz) untergeordnet. Ob dabei in Anbetracht der Kosten und der abseh-baren Unsicherheiten der zukünftigen Elektrizitätsversorgung der Vorgabe der „bezahlbaren" und „verlässlichen" Energieversorgung des SDG 7 ent-sprochen wird, ist zumindest zweifelhaft. Die Verbraucherstrompreise in Deutschland sind auf Grund der Kosten der Energiewende die höchsten in Europa – auch wenn sie für den Großteil der Bevölkerung und die Wirt-schaft noch „bezahlbar" sind. Die erneuerbaren Energien, die rund 40 % des Strombedarfs in Deutschland bzw. 10–15 % des Gesamtenergiebedarfs decken (Abschn. 6.4), erfordern zurzeit jährlich mehr als 25 Mrd. € Sub-vention allein in Form der EEG-Umlage. Die übrigen Kosten der Energie-wende sind darin noch nicht enthalten. Zum Vergleich sei angemerkt, dass die Gesamtsumme aller Subventionen, die der deutsche Steinkohlebergbau seit den 1960er Jahren erhalten hat, etwa 120 bis 150 Mrd. € betrug. In nur fünf bis sechs Jahren übertreffen die Subventionen für die erneuerbaren Energien somit die Gesamtsumme aller Zuschüsse, die der deutsche Stein-kohlebergbau jemals erhalten hat! Nach den Angaben des Wissenschaft-lichen Dienstes des Deutschen Bundestages schwankten in den letzten 20 Jahren (1998 bis 2018) die jährlichen Gesamtbeihilfen für den deutschen Steinkohlebergbau zwischen ca. 4 Mrd. €/Jahr und 1,5 Mrd. €/Jahr und summierten sich für diesen Zeitraum auf rund 39 Mrd. €.

Auf die Risiken, die der zeitgleiche Ausstieg aus der Kernenergie und der Kohleverstromung für die verlässliche Versorgungssicherheit in Deutsch-land mit sich bringen, haben z. B. die deutschen Stromnetzbetreiber in ihrer Leistungsbilanzanalyse 2017 und andere warnend hingewiesen (ÜNB 2018; van de Loo 2019; Schwarz 2019).

Die übrigen, nichtenergetischen Rohstoffe werden in der Nachhaltigkeits-strategie (2016) unter dem SDG 8 („Nachhaltiges Wirtschaftswachstum und menschenwürdige Arbeit für alle…") erwähnt:

Die Bundesregierung strebt [...] an, sowohl den absoluten Ressourcen- und Energieverbrauch entlang der gesamten Wertschöpfungskette zu reduzieren und von der wirtschaftlichen Entwicklung zu entkoppeln als auch die Effizienz fortlaufend zu steigern. [...] Natürliche Ressourcen sind Voraussetzung für die Erhaltung des aktuellen und zukünftigen Lebens auf unserem Planeten; viele Ressourcen stehen aber nur begrenzt zur Verfügung. Deutschland soll daher [...] seiner Rolle als einer der effizientesten und umweltschonendsten Volkswirtschaften weltweit gerecht werden. Dazu gehört auch, den Wandel von einer überwiegend auf fossilen und endlichen Rohstoffen basierenden Wirtschaft zu einer zunehmend auf erneuerbaren Energien und nachwachsenden Rohstoffen beruhenden Wirtschaft weiter zu stärken.

Obwohl zwischen Ressourcen- und Energieverbrauch differenziert wird, sind die Begriffe „Ressource" und „Rohstoff" an dieser Stelle wohl im Sinne der Umweltwissenschaften (Giegrich et al. 2012) zu verstehen. Zwar wird hierbei einerseits die Unverzichtbarkeit natürlicher Ressourcen „für das Leben auf unserem Planeten" anerkannt, gleichzeitig soll aber der Ressourcenverbrauch reduziert und von der wirtschaftlichen Entwicklung abgekoppelt werden.

Als ein Indikator für eine nachhaltige Entwicklung der Ressourcenschonung wird die Rohstoffproduktivität betrachtet (Giegrich et al. 2012). Die Rohstoffproduktivität beschreibt das Verhältnis von Bruttoinlandsprodukt (BIP, in Mrd. €) zu der Summe aus inländisch entnommenen und eingeführten abiotischen Rohstoffen, Halbwaren und Produkten (gemessen in deren Masse [t]). Bei steigendem BIP und gleichbleibendem oder sinkendem Rohstoffeinsatz steigt die Rohstoffproduktivität. Die Bundesregierung verfolgt das Ziel, die Rohstoffproduktivität bis zum Jahr 2020 bezogen auf das Basisjahr 1994 zu verdoppeln. Eine derartige Betrachtungsweise erscheint aus verschiedenen Gründen diskutabel: Das BIP gibt den Gesamtwert aller innerhalb eines Jahres im Lande produzierten Waren und Dienstleistungen wieder. Durch Verschiebungen von der produzierenden Industrie, die einen relativ hohen Rohstoffeinsatz besitzt, zum Dienstleistungssektor, der – gemessen in Tonnen – einen eher niedrigeren Rohstoffeinsatz aufweist, entwickelt sich die Rohstoffproduktivität positiv. Eine schlechte Konjunktur oder im Extremfall eine partielle De-Industrialisierung (wie sie die DDR nach der politischen Wende erlebte) müsste in diesem Zusammenhang als Steigerung der Rohstoffproduktivität positiv bewertet werden. Ein Ansteigen z. B. der rohstoffintensiven Baukonjunktur, die zur Minderung der Wohnungsnot oder zur Verbesserung der Verkehrsinfrastruktur wünschenswert wäre, beeinflusst die Rohstoffproduktivität dagegen negativ. Auch die Bewertung des Rohstoffeinsatzes allein nach Masse erscheint in Anbetracht der Vielzahl von tatsächlich auftretenden biotischen und abiotischen Rohstoffen, Halb- und Fertigprodukten sehr undifferenziert und wenig aussagekräftig. So wäre allein wegen der geringeren Dichte der Einsatz von Leichtmetallen wie Aluminium oder Titan dem Stahlbau oder die Nutzung von Erdgas als Chemierohstoff dem sonst gleichwertigen Erdöl vorzuziehen.

Die Rohstoffproduktivität in Deutschland ist im Zeitraum von 1964 bis 2015 um ca. 56 % gestiegen (UBA 2019). Dies entspricht einer durchschnittlichen Steigerung von jährlich 1,1 %. Bis zum Jahr 2020 dürfte somit eine Steigerung von 62 %, bezogen auf das Jahr 1964, erreicht werden können. In Nordrhein-Westfalen, einem überdurchschnittlich industrialisierten Bundesland mit einer intensiven Rohstoffwirtschaft, ist die Rohstoffproduktivität im gleichen Zeitraum nur um 35 % gestiegen (LANUV NRW 2019).

Nach der Nachhaltigkeitsstrategie der Bundesregierung (2016, S. 122) sollen *fossile Rohstoffe*, d. h. die Georessourcen, durch *nachwachsende Rohstoffe* ersetzt werden. Was dabei mit den (nichtenergetischen) fossilen Rohstoffen konkret gemeint ist, die durch nachwachsende Rohstoffe substituiert werden sollen, bleibt unklar und wird nicht näher ausgeführt. Sicherlich ist ein Ersatz von Plastikbeuteln (aus Mineralöl) durch Papiertüten (aus Holz oder Recyclingmaterial) sinnvoll, es wäre aber sicherlich nicht im Sinne der Nachhaltigkeitsstrategie, wollte man auf den Abbau fossiler Kalksteinvorkommen verzichten und stattdessen rezente, nachwachsende Korallenriffe als Kalkrohstoffe abbauen.

Die Versorgungs*sicherheit* mit den als unverzichtbar benannten natürlichen (fossilen wie regenerativen) Rohstoffen wird in der Nachhaltigkeitsstrategie der Bundesregierung nicht thematisiert. In der einschlägigen Gesetzgebung findet der Gedanke der Rohstoffsicherung dagegen Berücksichtigung (Abschn. 8.2). In diesen Rechtsvorschriften wird – anders als in den Nachhaltigkeitszielen der Bundesregierung – die Sicherung der Rohstoffvorkommen für den Abbau als Teil der *nachhaltigen Daseinsvorsorge* betrachtet. Dabei sind sowohl die Bedürfnisse der heutigen Gesellschaft als auch die der zukünftigen Generationen zu berücksichtigen.

Der Begriff der Nachhaltigkeit wird in der Politik somit einerseits inflationär auf fast alle Lebensbereiche angewandt, bleibt aber im Zusammenhang mit der Sicherstellung der Rohstoffversorgung unscharf oder wird sogar widersprüchlich benutzt. Es erscheint daher sinnvoll, zunächst die Herkunft des Begriffs und des zu Grunde liegenden Gedankens zu untersuchen.

Literatur

BGR (Bundesanstalt für Geowissenschaften und Rohstoffe). (2009). *Energierohstoffe 2009 – Reserven, Ressourcen und Verfügbarkeit* (115 S.). Hannover: BGR.

Bundesregierung. (2016). *Deutsche Nachhaltigkeitsstrategie 2016* (285 S.). Berlin: Bundesregierung.

CIM (Canadian Institute of Mining and Metallurgy) Standing Committee on Reserve Definitions. (2014). CIM definition standards for mineral resources and mineral reserves (9 S. Montreal). https://mrmr.cim.org/media/1068/cim_definition_standards_2014.pdf. Zugegriffen: 16. Mai 2020.

Duden. (2019). Raubbau – Bedeutung. https://www.duden.de/rechtschreibung/Raubbau. Zugegriffen: 6. Juli 2019.

Fachbereich Bergtechnik der Fachhochschule Bergbau. (1979). *Das Kleine Bergbaulexikon*. 254 S. (2. Aufl.). Bochum: Glückauf.

Giegrich, J., Liebich, A., Lauwigi, C., & Reinhardt, J. (2012). *Indikatoren/Kennzahlen für den Rohstoffverbrauch im Rahmen der Nachhaltigkeitsdiskussion*. 89 S., 2 Anhänge. Dessau-Roßlau: Umweltbundesamt.

Grober, U. (2013). Nachhaltigkeit – Schlüssel zum Überleben oder Leerformel. *Exkursionsf. und Veröffl. DGG, 250,* 18–23.

Küster, H. (2019). Ökologie und Nachhaltigkeit. In A. Reitemeier, A. Schanbacher, & T. S. Scheer (Hrsg.), *Nachhaltigkeit in der Geschichte*. 195–203. Göttingen: Universitätsverlag Göttingen.

Lexikon der Geowissenschaften in sechs Bänden. (2001/2000). Heidelberg: Spektrum.

Leydecker, G., Grünthal, G., & Ahorner, L. (1998). Der Gebirgsschlag vom 13. März 1989 bei Völkershausen in Thüringen im Kalibergbaugebiet des Werratals. – Makroseismische Beobachtungen und Analysen. *Geol. Jb., E 55,* 5–24.

LANUV NRW (Landesamt für Natur, Umwelt und Verbraucherschutz Nordrhein-Westfalen). (2019). Rohstoffverbrauch und Rohstoffproduktivität. https://umweltindikatoren.nrw.de/klima-energie-effizienz/rohstoffverbrauch-und-rohstoffproduktivitaet. Zugegriffen: 15. Mai 2020.

Presse- und Informationsamt der Bundesregierung. (2018). *Deutsche Nachhaltigkeitsstrategie – Aktualisierung 2018* (60 S.). Berlin: Presse- und Informationsamt der Bundesregierung.

Schalich, J., Schneider, F. K., & Stadler, G. (1986). Die Bleierzlagerstätte Mechernich – Grundlage des Wohlstandes, Belastung für den Boden. *Fortschritte in der Geologie von Rheinland und Westfalen, 34,* 11–91.

Schwarz, H. (2019). Wir müssen die Energiewende vom Grundsatz her neu denken. *Lausitz Magazin, 9,* 44–47. https://www.lausitz-medien.de/images/printmedienausgaben/LausitzMagazin-01-2019.pdf. Zugegriffen: 7. Sept. 2019.

UBA (Umweltbundesamt). (2002). *Nachhaltige Entwicklung in Deutschland; Die Zukunft dauerhaft umweltgerecht gestalten*. 24 S. Berlin: Schmidt.

UBA (Umweltbundesamt). (2012). *Glossar zum Ressourcenschutz.* 42 S. Dessau-Roßlau: UBA.

UBA (Umweltbundesamt). (2019). https://www.umweltbundesamt.de/daten/ ressourcen-abfall/rohstoffe-als-ressource. Zugegriffen: 13. Nov. 2019.

ÜNB (Deutsche Übertragungsnetzbetreiber). (2018). Bericht der deutschen Über-tragungsnetzbetreiber zur Leistungsbilanz 2016–2020 (34 S.). https://www. netztransparenz.de/portals/1/Content/Ver%c3%b6ffentlichungen/Bericht_zur_ Leistungsbilanz_2017.pdf. Zugegriffen: 17. Juli 2019.

van de Loo, K. (2019). The coal exit – A high-risk adventure for the energy sector and regional economy. *Mining Report Glückauf, 155,* 178–193.

Veith, H. (1870/1871). Deutsches Bergwörterbuch; Breslau (Nachdruck 2008, 601 S.). Vaduz.

Wellmer, F.-W. (2008). Reserves and resources of the geosphere, terms so often misunderstood. *Z. dt. Ges. Geowiss., 159,* 575–590.

World Commission on Environment and Development. (1987). Our Common Future – Report transmitted to the General Assembly as an Annex to document A/42/427 – Development and International Co-operation: Environment. www. un-documents.net/wced-ocf.htm. Zugegriffen: 17. Juli 2019.

4

Herkunft und ursprüngliche Bedeutung des Begriffs „Nachhaltigkeit"

Der Begriff des „Nachhaltens" ist schon für die Zeit vor 1675 belegt. Die Übernutzung der Wälder führte im 18. Jahrhundert zu einer Versorgungskrise beim Rohstoff Holz. Der Sächsische Oberberghauptmann von Carlowitz propagierte 1713 als Gegenmaßnahme „nachhaltiges Wirtschaften". Es sollte nur so viel Holz entnommen werden, wie zu ersetzten war. Außerdem sollte Holz durch Georessourcen ergänzt werden. Der Ersatz von Bioressourcen durch Georessourcen begründete die industrielle Revolution. Carlowitz' Ideen wurzelten im Posteritätsprinzip des Bergbaus, für den Generationen übergreifende Planungen unabdingbar sind. Dieses Prinzip geht über die Forderung enkelgerechten Wirtschaftens hinaus, da es nicht nur die zukünftigen Bedürfnisse berücksichtigt, sondern Investitionen fordert, die erst spätere Generationen nutzen. Auch die Landwirtschaft war im 18. Jahrhundert an ihre Grenzen gestoßen. Die Einführung von Mineraldünger im 19. Jahrhundert löste das existentiell werdende Ernährungsproblem.

4.1 Hans Carl von Carlowitz und die Holzkrise des 18. Jahrhunderts

In der Literatur (z. B. Grober 2001, 2013b; Jahn 2013; Schmidt 2013) wird allgemein angenommen, dass der Begriff *nachhaltend* erstmalig im Jahr 1713 durch den sächsischen Oberberghauptmann Hans (oder Hanns; eigentlich Johann Carolus) Carl von Carlowitz in seinem Werk *Sylvicultura Oeconomica* benutzt wurde:

© Der/die Herausgeber bzw. der/die Autor(en), exklusiv lizenziert durch Springer-Verlag GmbH, DE, ein Teil von Springer Nature 2020
V. Wrede, *Bergbau gleich Raubbau?*, https://doi.org/10.1007/978-3-662-61941-4_4

*[…] wird derhalben die größte Kunst, Wissenschaft, Fleiß und die Einrichtung hiesiger Lande darinnen beruhen, wie eine sothane Conservation und Anbau des Holtzes anzustellen, dass es eine kontinuierliche, beständige und **nachhaltende** Nutzung gebe, weilen es eine unentbehrliche Sache ist, ohne welche das Land in seiner Esse[1] nicht bleiben mag […].* (von Carlowitz 1713)

Ob von Carlowitz hier bewusst einen neuen, zukunftweisenden Begriff kreieren wollte, wie Grober (2013a) annahm, muss bezweifelt werden. Das Wort „nachhaltend" steht ohne jeden Kommentar oder Hervorhebung einfach in einer Reihe mit „kontinuierlich" und „beständig", um durch diese Reihung annähernd synonymer Adjektive einen verstärkenden Effekt zu erzielen.

Tatsächlich hat von Carlowitz diesen Begriff auch nicht neu geschaffen. Nach den Feststellungen von Bei der Wieden (2011) findet sich das Wort „nachhalten" im Zusammenhang mit der Holznutzung schon im Entwurf einer Forstordnung für den Kommunionharz, der zwischen 1649 und 1675 angefertigt wurde, später auch in gedruckter Form vorlag (Fritsch 1702), aber nie in Kraft trat. In diesem Text wird angeraten, bei der Anlage von Sägemühlen zu bedenken, „wie lange die Holtzung/so auf solchen Segemühlen zu verschneiden/vorhanden/**nachhalten** könne" (Abb. 4.1).

Die dem geordneten Waldbau zu Grunde liegenden Gedanken sind bereits viel älter, worauf auch von Carlowitz selbst hinweist:

Es ist sowohl das Säen der wilden Bäume […] nebst anderer Wart- und Pflegung derselben nicht by unserem Gedencken entstanden, sondern ohne Zweifel viel Secula her und bey derer Alten und unserer Vorfahren Zeiten, wie aus ihren Schriften zu colligieren, ja von Anfang der Welt her bekannt und im Brauch gewesen […]. (von Carlowitz 1713)

Es geht von Carlowitz als oberstem Bergbeamten Sachsens bei seinen ausführlichen Anleitungen ganz eindeutig und konkret um die nachhaltige *wirtschaftliche* Nutzung der Wälder; er sieht die Nachhaltigkeit als Mittel zum Zweck ihrer dauerhaft gesicherten Bewirtschaftung. Dies ergibt sich ganz klar auch aus dem deutschen Titel seines Werkes (Abb. 4.2), der (hier schon gekürzt) in barocker Ausführlichkeit lautet: „Haußwirthtliche Nachricht und naturmäßige Anweisung zur Wilden Baum-Zucht nebst gründlicher Darstellung wie zuförderst durch Göttliches Benedeyen dem

---

[1]„Esse": Das „Sein", die Existenz.

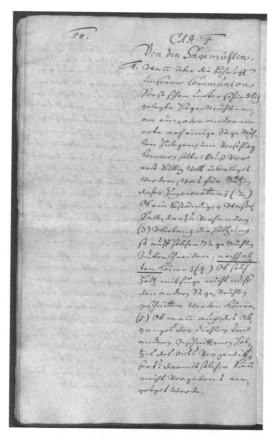

Abb. 4.1 Entwurf einer Forstordnung für den Kommunionharz 1649/1675; ältester bekannter Nachweis des Wortes „nachhalten" – Hervorhebung vom Autor (mit freundlicher Genehmigung Nieders. Landesarchiv Wolfenbüttel, 4 Alt 16 Nr. 46)

allenthalben und insgemein einreissendem großen Holtz-Mangel vermittelst Sae-, Pflantz- und Versetzung vielerhand Bäume zu prospicieren. [...] Alles zu notdürftiger Versorgung des Haus-, Bau-, Brau-, Berg- und Schmelz-Wesens [...]."

Hintergrund für die Abfassung dieses Werkes war die umfassende Holzkrise des 17. und 18. Jahrhunderts in Mitteleuropa. Die Wälder stellten im Mittelalter und in der frühen Neuzeit die wichtigste natürliche Ressource für den Menschen dar. Nicht nur die meisten Wohnhäuser bestanden als Fachwerkhäuser aus Holz, sondern auch fast alle Haushaltsgegenstände wie Möbel, Werkzeuge bis hin zu Tellern und Schüsseln. Neben dem Holzeinschlag für Bau-, Gruben- und Brennholz stand die Köhlerei, die mit der Holzkohle die wichtigste (und neben der Wasserkraft fast einzige) Energiequelle für das sich

Abb. 4.2 Titelblatt der *Sylvicultura Oeconomica* (1713) (Bibliothek TU Bergakademie Freiberg)

entwickelnde Gewerbewesen herstellte. Holzkohle war in großen Mengen auch unentbehrlich für die Eisen- und Metallhütten, in denen sie nicht nur als Energieträger, sondern auch als chemisches Reduktionsmittel diente. Baumharze bildeten seit dem 15. Jahrhundert die Grundlage der Herstellung von Terpentin, von Farben und Leimen und wurden in der Papierherstellung eingesetzt. Holzasche diente als kaliumreicher Dünger („Pottasche"), wurde zum Seifensieden und als Flussmittel bei der Glasherstellung benötigt. Dabei waren etwa 1000 kg Holz notwendig, um 1 kg Pottasche zu erzeugen. Färbereien und Gerbereien benötigten Eichenrinde als Gerbstoff; Waldweide und die Entnahme von Streu aus den Wäldern in der Plaggenwirtschaft führten zu einer weiteren Schädigung der bereits übernutzten Waldbestände. Auch für den Nahrungserwerb der einfachen Bevölkerung in Form von Früchten,

Beeren, Nüssen oder Pilzen spielte der Wald eine nicht unbedeutende Rolle, wie er auch dem Adel als Jagdrevier diente (Reininghaus 2018; Naundorf 2001).

Besonders in den Bergbauregionen, deren wirtschaftlicher Bestand von der sicheren Versorgung mit Grubenholz zum Schacht- und Streckenausbau sowie der Lieferung von Holzkohle für die Hüttenwerke abhing, wurde das Problem existentiell. So betrug beispielsweise im Jahr 1530 der Holzkohlebedarf der Mansfelder Kupferhütten 513.000 Zentner oder 25.650 t (Fessner 2015). Wenn man annimmt, dass zur Erzeugung von 3 kg Holzkohle ca. 10 kg Hartholz erforderlich sind, entspricht dies einem Holzbedarf von knapp 77.000 t oder mehr als 100.000 m³ Hartholz. Bei der Verarbeitung von sulfidischen Blei- oder Kupfererzen im Harz wurden für das Rösten des Erzes und die anschließende Verhüttung rund 2 t Holz je Tonne Erz benötigt. Es war daher oft einfacher, das Erz zu dispers in den Waldungen gelegenen Hüttenplätzen als das Holz oder die Holzkohle zu den Erzvorkommen zu schaffen. Dies erklärt die große Zahl von isoliert liegenden Schlackenplätzen z. B. im Harz und anderen Mittelgebirgen (Knolle et al. 2011).

Dort, wo die Technik des Feuersetzens zur Erzgewinnung zum Einsatz kam, wurden zudem große Mengen Feuerholz benötigt. Das Erzbergwerk Rammelsberg bei Goslar benötigte täglich 10 bis 15 Malter (entsprechend ca. 20 bis 30 Raummeter) Brandholz, um durch Erhitzen und Abschrecken des Gesteins das Erz zu lösen (Bornhardt 1931).

Bergbau und Holzwirtschaft wurden als unmittelbare Einheit gesehen, wie ein Zitat aus dem Protokoll der *Generalvisitation der Harzforsten* aus dem Jahr 1583 erkennen lässt:

Dan die Höltzungen sein der Bergkwercke Hertze und des Fürsten Schatz. Wan keine Höltzungen vorhanden, sein die Bergkwercke gleich wie eine Klocke ohne den Kneppel undt eine Laute ohne Saiten [...]. (Gleitsmann 1984; Geibel 2001).

Die Holzkrise des 17. Jahrhunderts war im Harz schon die zweite existentielle Bedrohung des Bergbaus durch Holzmangel. Bereits 1271 wurde in der Bergordnung des Herzogs Albrecht die Holznutzung durch die Bergwerke sehr restriktiv geregelt. Trotzdem führte der mittelalterliche Bergbau zur weitgehenden Abholzung der Wälder und hatte sich damit teilweise seiner Existenzgrundlage beraubt. So schreibt bereits Hake (1583) in seiner *Bergchronik*, dass schon um das Jahr 1347 durch den damals 130-jährigen Bergbau und ungeachtet der strengen Forst- und Holzordnungen fast alles

Holz für den Bergbau und die Hüttenwerke „ist verbawet und aufgekohlt worden" und man wegen des Mangels an Holzung „etliche Züge und Zechen aufgehen laßen" musste.

Bereits kurz nach (Wieder-)Aufnahme des Erzbergbaus im 16. Jahrhundert kam es im Harz erneut zu einer Verknappung des für den Grubenausbau benötigten Stammholzes und der für den Betrieb der Hütten benötigten Holzkohle. Im 18. Jahrhundert führte die Holznot dann schließlich zu einem Rückgang der Bergbauproduktion im Harz um ca. 50 % (Bartels 1992).

Im ausgehenden 17. Jahrhundert, nach dem Ende des Dreißigjährigen Krieges, erhöhte ein starker Bevölkerungsanstieg den Druck auf die Ressource Holz weiter. In der Folge war Mitteleuropa weitgehend entwaldet und drohte teilweise zu versteppen. Das ursprüngliche Laubwaldgebiet der heutigen Lüneburger Heide z. B. fiel dem Brennstoffbedarf der Lüneburger Salinen zum Opfer, und karge Heideflächen, die dann noch zur Schafweide genutzt wurden, breiteten sich aus. Als schließlich Ende des 19. Jahrhunderts mittels Aufforstung der Versteppung Einhalt geboten wurde, geschah dies durch Ausbringen genügsamer und schnellwüchsiger Kiefern, die heute – neben den verbliebenen (und geschützten!) Heideflächen – das Landschaftsbild bestimmen.

Nicht nur in Sachsen, auch in anderen Bergbauregionen, wie dem Harz entwickelte sich daher das geordnete Forstwesen zunächst als Teildisziplin des Bergbaus, teilweise schon im 16. und 17. Jahrhundert oder noch früher (Geibel 2001). Dabei kam es nicht nur zu einer Um- oder erstmaligen Neuorganisation des Forstwesens, sondern es wurde auch massiv in die natürliche Zusammensetzung des Waldes in den deutschen Mittelgebirgen eingegriffen. Harthölzer (vor allem Buche) waren zunächst der bevorzugte Rohstoff für die Holzkohleerzeugung. Für den Nachwuchs sorgten die Naturverjüngung und Stockausschläge. Nach der Einführung wasserkraftgetriebener Blasebälge konnte dann auch minderwertigere Holzkohle aus Fichtenholz in den Schmelzöfen eingesetzt werden. Statt der bislang vorherrschenden Laubbäume breitete sich daher in immer stärkerem Maße die schnellwüchsige Fichte aus, die kürzere Verhiebszeiten und damit einen höheren Holzertrag erreichte (Beug et al. 1999; Knolle et al. 2020).

Ähnliche Verhältnisse wie in Sachsen oder dem Harz werden von Wüst (2007) aus Süddeutschland beschrieben. Er führt zahlreiche Beispiele für Forst- und Waldordnungen an, die ebenfalls zum Teil schon wesentlich älter sind als das Werk von Carlowitz' und gleichfalls den Erhalt des Waldes als Ressource sichern sollten.

Gleichwohl begründete aber das Werk von Carlowitz' als frühestes Lehrbuch das Entstehen der Forstwissenschaft. In der Folge der Anregungen von

Carlowitz' führte der Forstverwalter Johann Georg von Langen ab 1720 die nachhaltige Forstwirtschaft in der Grafschaft Wernigerode im Harz ein. In Ilsenburg gründete sein Nachfolger von Zanthier um 1765 eine erste Forstschule zur Ausbildung „holzgerechter Jäger" (Knolle 2016). In Sachsen wurde 1811 die bis heute bestehende Forstlehranstalt in Tharandt gegründet.

Die Clausthaler Bergschule wurde im Jahr 1821 um eine Forstlehranstalt erweitert und trug bis 1844 den Titel „Königliche Berg- und Forstschule". In diesem Jahr wurde die Forstschule nach (Hannoversch) Münden verlegt (Horn 1907). Hieraus entwickelte sich später die Niedersächsische Forstakademie. Auch die Berg- und Forstverwaltung im Oberharz erfolgte gemeinsam durch das Königliche Bergamt. Erst 1885 wurde das Forstamt vom Bergamt getrennt und selbständig (Dennert 1974).

4.2 Substitution und Ergänzung von Biorohstoffen durch fossile Rohstoffe

Neben der nachhaltigen Bewirtschaftung der Wälder schlägt von Carlowitz in seinem Werk aber auch eine andere grundlegende Maßnahme zur Linderung des Holzmangels vor. Wie schon im Titel des Werkes hervorgehoben wird („zugleich eine gründliche Nachricht von den in Churft. Sächs. Landen gefundenen Turff, dessen natürliche Beschaffenheit, grossen nutzen, Gebrauch und nützlichen Verkohlung […]"), empfiehlt er, durch Rückgriff auf die Torfvorkommen Sachsens das Brennholz durch einen fossilen Rohstoff zu ersetzen. Er beschreibt auch Verfahren zur Verkokung des Torfs und den Einsatz bei der Verhüttung von Eisen- und Kupfererz im Erzgebirge (von Carlowitz 1713, S. 412). Auch im Harz griffen die Forstpioniere von Langen und von Zanthier diesen Gedanken auf und ließen im Brockengebiet Torf stechen, um Brennmaterial zu gewinnen (Knolle 2016). In der Zeit von 1744 bis 1776 wurde auch dort versucht, Torf zu verkoken, um die knapp werdende Holzkohle zu ersetzen, was jedoch in Anbetracht des feuchten Klimas wenig Erfolg hatte (Beug et al. 1999). Schon kurze Zeit später wird in den sächsischen Salinen erstmalig auch Steinkohle als Feuerungsmaterial eingesetzt (Schmidt 2013).

Eine analoge Umstellung des Brennstoffs von Holz auf Kohle wie die Salinen in Sachsen nahmen auch die Salinen im hessischen (Bad) Sooden vor. Hier gab es seit ca. 1570 Kohlebergbau am nahe gelegenen Hohen Meißner (Waldmann 2019). Dem Soodener Vorbild folgte dann die Saline Königsborn bei Unna in Westfalen. Die dortigen Salzquellen wurden vermutlich schon in vorgeschichtlicher Zeit genutzt. Bereits 1389 existierte hier das Brockhauser Salzwerk als quasi industrieller Betrieb, in dem aus einer etwa 4- bis 5 %igen Sole Salz gewonnen wurde. Mit anderen Worten: Um 1 kg Salz zu erzeugen, mussten mehr als 20 l Wasser eingedampft werden. Hierfür stand ausschließlich Holz als Feuerungsmaterial zur Verfügung, das mit der Ausweitung des Salinenbetriebs immer knapper wurde. Der Holzmangel führte schließlich dazu, dass die Salzgewinnung im Brockhauser Salzwerk Ende des 16. Jahrhunderts eingestellt werden musste (Becker et al. 2014). Erst als man unter Hinzuziehung von Fachkräften, die aus Sooden abgeworben wurden, die Feuerung auf Steinkohle umstellte, kam die Saline wieder in Betrieb und weitete sich zu einem florierenden Großbetrieb aus (Timm 1978). Auch die Pumpwerke für die Sole wurden ab 1799 von einer der ersten in Preußen eingesetzten Dampfmaschinen angetrieben (Abb. 4.3). Jetzt wurde der Kohlebedarf der Saline so groß, dass er den Steinkohlebergbau im Ruhrtal

Abb. 4.3 Die „Feuermaschine" der Saline Unna-Königsborn; in Betrieb von 1799 bis 1932 (mit freundlicher Genehmigung, Sammlung A. Ackermann, Gelsenkirchen)

stimulierte und die Ruhr als Transportweg zur Saline schiffbar gemacht wurde (Abb. 4.4; Fessner 1998). Die Schiffbarmachung der Ruhr für den Salztransport und die Brennstoffversorgung der Saline Königsborn eröffneten dem Kohlebergbau im Ruhrtal nun auch einen kostengünstigen Transportweg insbesondere zum Rhein. Die verbesserten Absatzmöglichkeiten führten zu einer raschen Ausweitung des Ruhrbergbaus, so dass die Ruhr zeitweilig zur meist befahrenen Wasserstraße in Deutschland wurde. Durch den Ausbau des Eisenbahnnetzes kam es dann zu einer Steigerung der Nachfrage nach Kohle für die Lokomotiven, vor allem aber zum problemlosen Transport der Kohle zu den Verbrauchern. Letztlich hat also der Holzmangel der Saline in Königsborn den Anstoß zur industriellen Ausweitung des Ruhrbergbaus gegeben und damit den Keim zur industriellen Revolution in Deutschland gelegt.

Auch bei anderen Rohstoffen hat es die erfolgreiche Substitution von Biorohstoffen durch Georessourcen gegeben. Im Oberharz forderte das Berg- und Forstamt noch 1839 eine Fortführung bzw. Ausweitung der Dachschieferproduktion, da dann „nicht so viele Holzschindeln mehr zu den Hausbedachungen aus dem Walde abgegeben zu werden brauchten" (Wrede 1998).

Abb. 4.4 Ruhrschifffahrt im 19. Jahrhundert; Boot mit gedecktem Laderaum zum Salztransport (Radierung von Johann Heinrich Bleuler, ca. 1810; mit freundlicher Genehmigung LWL-Industriemuseum Dortmund)

Bis 1859, als die industrielle Erdölförderung in Amerika und am Kaspischen Meer begann, waren Pflanzenöle, Waltran und Robbenfett die meist eingesetzten Rohstoffe für Lampenöl und Schmierfette, die dann durch Erdölprodukte ersetzt werden konnten. Auch die Herstellung von Glycerin als Vorstoff des Nitroglycerins griff auf Waltran zurück. Ohne den Einsatz der Georessource Erdöl wären die Wale als Bioressource schon im 19. Jahrhundert vermutlich vollständig ausgerottet worden (Maxeiner und Miersch 1996, S. 109).

Im 18. und 19. Jahrhundert zeichnete sich durch die wachsende Bevölkerungszahl in Europa eine Verknappung der Nahrungsmittel ab, die u. a. in den Jahren 1770–1772, 1816/1817, 1844–1848 und 1866–1869 zu Hungersnöten in Teilen von Europa führte. Sie hatten die Auswanderung von erheblichen Bevölkerungsteilen z. B. nach Amerika zur Folge, wodurch der Bevölkerungsdruck in Europa vorübergehend abnahm. Eine weitere Folge des Rohstoffmangels waren auch die Bemühungen der europäischen Staaten, durch die Eroberung von Kolonien ihre Rohstoffbasis zu erweitern. Auch die Aktivitäten Friedrich des Großen in der zweiten Hälfte des 18. Jahrhunderts, den Kartoffelanbau in Preußen zu propagieren oder z. B. den Oderbruch urbar zu machen, waren eine Reaktion auf die sich abzeichnende Lebensmittelverknappung. Die bis dahin übliche Landwirtschaft, die meist als Dreifelderwirtschaft betrieben wurde, wobei ein Drittel der Fläche zur Regeneration des Bodens brachlag oder als Grünland genutzt wurde, stieß von den verfügbaren Anbauflächen und der zunehmenden Auslaugung des Bodens her an ihre Grenzen. Als traditionell eingesetzte Düngemittel standen im Wesentlichen nur der Stallmist des Viehs und die aufwändig und nur in geringen Mengen herzustellende Pottasche zur Verfügung.

Schon 1798 formulierte der Engländer Thomas Malthus deshalb die Annahme, dass die Bevölkerungszahl in der Zukunft exponentiell ansteigen würde, wohingegen sich die Produktion der benötigten Nahrungsmittel nur linear steigern ließe. Dies müsse zwangsläufig der Menschheit die Existenzgrundlage entziehen (Malthus 1798). Nach Malthus' pessimistischer Theorie wären Armut, Hungersnöte und Kriege quasi naturgesetzliche Reaktionen auf diese Entwicklung, durch die die Bevölkerungszahl wieder auf eine mit den Ressourcen kompatible Größe reduziert würde. In der Konsequenz lehnte er soziale Maßnahmen zur Bekämpfung der Armut oder der Kindersterblichkeit ab, da diese langfristig das Elend der Menschheit vergrößern würden, statt es zu lindern. Malthus hielt die Not auch für notwendig, um die Kreativität des Menschen anzuregen.

Tatsächlich entwickelte aber in den Jahren um 1800 Albrecht Daniel Thaer (1809–1812) zunächst in Celle, dann in Preußen moderne Methoden der Landwirtschaft. Insbesondere durch Einführung der systematischen Fruchtwechselwirtschaft konnte er erhebliche Ertragssteigerungen erzielen. Thaers Wirken für die Entwicklung der modernen Landwirtschaft in Deutschland ist durchaus mit der Bedeutung von H. C. von Carlowitz für die Forstwirtschaft zu vergleichen.

Kurz danach entdeckte Justus von Liebig (1840) die chemischen Zusammenhänge zwischen dem Pflanzenwachstum und dem Mineralgehalt der Böden und begründete damit die moderne Düngelehre für die Landwirtschaft. Fast zeitgleich entdeckte man 1856 in der Steinsalzlagerstätte von Staßfurt Vorkommen von „Bittersalzen", z. B. Carnallit (K, Mg) $Cl_3 \cdot 6\ H_2O$), Sylvin (KCl), Kainit (K, Mg [Cl|SO_4] $\cdot$ 3 H_2O), die zunächst für wertlos bzw. störend bei der Steinsalzproduktion angesehen und als „Abraumsalze" auf Halde geworfen wurden (Abb. 4.5).

In Wahrheit handelte es sich um wertvolle Kalisalze, die sich als Mineraldünger verwenden lassen. Nachdem dies erkannt wurde, konnten bereits bis 1861 praktische Verfahren entwickelt werden, aus den Staßfurter „Abraumsalzen" in industriellem Maßstab in der Landwirtschaft einsetzbaren Kalidünger herzustellen (Slotta 2011). Die Entwicklung der Eisenbahnen und des Verkehrswesens insgesamt trug dann zur raschen Verbreitung der Mineraldünger bei. Die Modernisierung der Landwirtschaft, zu der auch und nicht unwesentlich der Einsatz von Mineraldünger gehörte, trug in der zweiten Hälfte des 19. Jahrhunderts erheblich zur Verbesserung der

Abb. 4.5 Kalisalz; ehemaliges Steinsalzbergwerk Asse (Niedersachsen)

Ernährungslage in Europa bei. Standen beispielsweise in Frankreich im Jahr 1830 statistisch jedem Menschen 2377 kcal pro Tag zur Verfügung, waren es im Jahr 1910 bereits 3323 kcal/d (Roser und Ritchie 2019). Bis zum Ersten Weltkrieg besaß Deutschland faktisch das Weltmonopol für die Produktion von Kalidünger. Heute sind Kanada mit 31 %, Russland und Weißrussland mit zusammen ca. 30 % und Deutschland mit 10 % der jährlichen Weltkaliproduktion von ca. 58,5 Mio. t die größten Lieferländer. Die größten Abnehmer sind China, Indien und lateinamerikanische Länder, für die Kalidünger unverzichtbar für die landwirtschaftliche Nahrungsproduktion sind. Die Weltvorräte an Kalisalz betragen rund 210 Mrd. t, wovon nach heutigen wirtschaftlichen Gesichtspunkten 16 Mrd. t abbauwürdig sind (VKS 2015). Auch bei stark steigender Nachfrage ist die Versorgung mit Kalisalzen somit auf Jahrhunderte hinaus gesichert. Das Überangebot an Kalisalzen hat vielmehr gerade in Deutschland zu einer Konzentration des Abbaus auf die besten Lagerstätten und leistungsfähigsten Betriebe geführt, was besonders zu Lasten der umfangreichen Kaliindustrie in der ehemaligen DDR ging (Hartung 2003). Allein im Südharz-Kalirevier in Thüringen liegen noch Vorräte an technisch gewinnbaren Kalisalzen in einer Größenordnung von mehr als 1 Mrd. t (Rauche 2019).

Die Gedanken von Malthus aus dem 18. Jahrhundert (Abschn. 4.1) griff z. B. Hoimar von Ditfurth im Jahr 1984 in seinem Essay *Die mörderische Konsequenz des Mitleids* erneut auf, in dem er Spendenaktionen wie z. B. „Misereor" oder „Brot für die Welt" scharf kritisiert, „denn für jedes einzelne Kind, das heute durch die Aktivitäten solcher Organisationen gerettet wird, wird es in der nächsten Generation vier oder fünf oder sechs Kinder geben". Die für das Jahr 2000 prognostizierte Erdbevölkerung von 6 Mrd. Menschen werde zu unlösbaren Problemen bei der Ernährung, Unterbringung, Energie- und Rohstoffversorgung führen. „Wenn nicht sehr bald etwas Entscheidendes geschieht, dann treiben wir einer Katastrophe entgegen, für die es in der bisherigen menschlichen Geschichte kein Beispiel und keinen Vergleich gibt" (von Ditfurth 1984).

Vor allem auch durch den Einsatz von Mineraldünger wie Kalisalz oder Phosphat lässt sich die Ernährung der heutigen Weltbevölkerung von knapp 8 Mrd. Menschen sichern. Abgesehen von den Krisenzeiten des Ersten und Zweiten Weltkriegs hat es in Europa seit Einführung der Mineraldüngung keine Hungersnöte mehr gegeben. Auch in den bevölkerungsreichen Ländern Süd- und Südostasiens, in denen noch in den 1950er Jahren Hungersnöte grassierten, ist die Ernährung heute sichergestellt. Obwohl regional, vor allem im Sub-Sahara-Afrika, nach wie vor gravierende Probleme bestehen, geht der Hunger weltweit trotz des starken Bevölkerungsanstiegs deutlich zurück (Welthungerindex 2019). Betrug der Anteil unterernährter Menschen auf der Erde im Jahr 1994 noch 20 %, so liegt er seit 2015 zwischen 10 und 11 % (FAO 2019).

Seit den 1960er Jahren hat sich bis zur Jahrtausendwende die Erdbevölkerung mehr als verdoppelt. Trotzdem stieg die Produktion von Nahrungsmitteln noch schneller, was vor allem auf den Anbau ertragsstärkerer Getreidesorten, verbesserte Anbau- und Bewässerungstechniken und den Einsatz von Mineral- und Stickstoffdüngemitteln zurückzuführen ist. Der Welternährungsgipfel 1996 der FAO stellte fest, dass die Landwirtschaft der Erde prinzipiell genügend Nahrungsmittel produziert, um die adäquate Versorgung aller Menschen sicherstellen zu können. Allerdings stößt eine weitere Steigerung der landwirtschaftlichen Nahrungsproduktion auch an Grenzen, die von der Welternährungsorganisation (FAO 1996) durch die Stichwörter „Übernutzung des Bodens und der Wasserressourcen" und „genetische Verarmung der Feldfrüchte" beschrieben werden. Hinzu kommt die Begrenztheit der Anbauflächen, deren Erweiterung regelmäßig zu Lasten der Waldflächen geht, was u. a. zu einer negativen CO_2-Bilanz beiträgt. Die Entwaldung und die Anlage großflächiger Ackerflächen tragen zur Bodenerosion bei. Eine Überdüngung der Anbauflächen führt zur Kontamination des Grundwassers. Diese Gefahr ist besonders groß beim Einsatz von natürlichem Nitratdünger, der als Gülle bei der Tierproduktion anfällt, die unabhängig vom jeweiligen Pflanzenbedarf entsorgt werden muss. Der Einsatz von Mineraldünger ist dagegen für den Landwirt ein Kostenfaktor, so dass hier eher eine Unterversorgung des Bodens in Relation zum Pflanzenbedarf und damit längerfristig eine Auslaugung nährstoffarmer Böden zu befürchten ist (FAO 1996).

Obwohl unbestritten noch gravierende Probleme bestehen, haben sich – unter anderem wegen der Möglichkeit zum Rückgriff auf mineralische Ressourcen – die apokalyptischen Vorhersagen eines Thomas Malthus im 18. Jahrhundert und eines Hoimar von Ditfurth aus der zweiten Hälfte des 20. Jahrhunderts nicht bewahrheitet.

Der Wechsel von einer vorrangig auf Bioressourcen aufbauenden Wirtschaft zu einer stark von der Nutzung mineralischer Rohstoffe geprägten Wirtschaft im Laufe des 18. und 19. Jahrhunderts war von einschneidender Bedeutung, nicht nur für die technisch-wirtschaftliche Entwicklung des Menschen, sondern auch für die Umwelt:

Die großmaßstäbliche Erschließung der fossilen Energieträger Kohle und Erdöl im 19. Jahrhundert hat zweifellos die Grundlage für die Industrialisierung Europas und damit das heutige moderne Leben geschaffen. Zugleich hat sie aber die extreme und bis an ihre Grenzen ausgereizte Abhängigkeit der Menschen in Europa von den zwar regenerativen, gleichwohl aber mengenmäßig nur begrenzt zur Verfügung stehenden Bioressourcen, vor allem dem Wald, beendet. Nur der Rückgriff auf die fossilen Energieträger erlaubte die Regeneration der völlig übernutzten Biosphäre in Mitteleuropa. (Küster 1995).

Verglichen mit der heutigen Situation entbehren diese Entwicklungen nicht der Ironie. Im 18. und 19. Jahrhundert führte der Mangel an nachwachsenden Rohstoffen zu einer Krisensituation und wurde durch die Erschließung fossiler Rohstoffe ausgeglichen. Heute wird dagegen versucht, der Abhängigkeit von fossilen Energieträgern und Ressourcen durch den verstärkten Einsatz nachwachsender Rohstoffe zu begegnen, wie es z. B. die Nachhaltigkeitsstrategie der Bundesregierung propagiert. Ob aber z. B. der Einsatz von Mais, Raps oder Palmöl als Surrogat für Erdöl ein zielführender Weg ist, kann mit guten Argumenten gerade aus ökologischer und sozialwissenschaftlicher Sicht bezweifelt werden. Eine Ausweitung der Anbauflächen z. B. von Ölpalmen oder Soja kollidiert mit dem Ziel des Schutzes der Regenwälder (Abb. 4.6). Die Umwandlung von tropischen Regenwäldern z. B. in Palmölplantagen entspricht jedoch den Prinzipien, die von Carlowitz für die *nachhaltende Nutzung* der Forsten aufgestellt hat: Es erfolgt die Umwandlung eines nur extensiv genutzten „Wildwaldes" in eine intensiv nutzbare „Baumplantage". Gesichtspunkte wie Artenschutz, Biodiversität oder Klimaschutz haben für von Carlowitz und seine Zeit keine wesentliche Rolle gespielt. Sie sind für die Gesellschaften in den betroffenen tropischen Ländern auch heute noch oft von nur untergeordneter Bedeutung. Insofern erscheint ihnen die Haltung der westlichen Staaten widersprüchlich, nach der einerseits die Nutzung regenerativer Rohstoffe intensiviert werden soll, andererseits aber eine entsprechende Erweiterung der Anbauflächen zu Lasten der Regenwälder scharf kritisiert wird.

Der Einsatz von Energiemais zur Verwertung in Biogasanlagen steht unmittelbar in Konkurrenz zur Erzeugung von Brotgetreide und hat z. B. in Mexiko zu deutlichen Preisanstiegen bei Nahrungsmitteln geführt. Er begünstigt auch in Deutschland das Entstehen von Monokulturen. Etwa 15 % der Ackerfläche in Deutschland werden heute zur Erzeugung von Biomasse (vorwiegend Mais) für Gasanlagen genutzt (Bundesinformationszentrum Landwirtschaft 2019).

Abb. 4.6 Palmölplantagen in Malaysia

Ob neben der Nahrungsmittelproduktion für eine Weltbevölkerung von fast 8 Mrd. Menschen zusätzlich relevante Mengen an nachwachsenden Rohstoffen anderer Art auf den zur Verfügung stehenden Anbauflächen überhaupt erzeugbar wären, wird kaum diskutiert. Die Erfahrungen der frühen Neuzeit über die Verfügbarkeit von Bioressourcen wecken Zweifel daran.

4.3 Generationengerechtheit und das Posteritätsprinzip im Bergbau

Der Gedanke der Enkel- oder Generationengerechtheit, der in der Sustainability-Definition der Brundtland-Kommission enthalten ist, wurde im Bergbau als Posteritätsprinzip[2] schon im Mittelalter praktiziert und spätestens im 16. Jahrhundert auch bewusst formuliert.

---

[2] *Posteri* = die Nachkommen.

Exemplarisch hierfür sei ein Schreiben zitiert von Herzog Julius von Braunschweig-Wolfenbüttel (reg. 1568–1589) an seinen Bergwerksverwalter Sander aus dem Jahr 1587:

> *Er* [der Hzg.] *wolle bei den Landständen nicht den Verdacht aufkommen lassen, dass er ohne Rücksicht auf die Nachkommen den Berg verhauen lassen wolle [...] Sie beide* [der Herzog und Sander] *hätten nächst Gott das Bergwerk erhoben, so dass er dieses nunmehr in größerem Umfange als sein Vater nutzen könnte. Es solle aber dadurch den Posteris nicht verwundet werden!* (Dennert 1974, S. 169)

Dies entspricht vollkommen dem Grundgedanken der Brundtland-Kommission: Befriedigung der Bedürfnisse der gegenwärtigen Generation, ohne die Fähigkeit der künftigen Generationen zu gefährden, ihre eigenen Bedürfnisse zu befriedigen.

Setzt man die Begriffe „Generationengerechtheit" und „Nachhaltigkeit" gleich, wie es die ursprüngliche UN-Definition von 1992 nahelegt, so wurde der Nachhaltigkeitsgedanke also bereits 1587 von Herzog Julius von Braunschweig-Wolfenbüttel bewusst als politisches Ziel formuliert.

Der Leitgedanke der Posterität, nämlich die Nachhaltigkeit des Bergbaus durch Vorleistungen zum Nutzen der späteren Generationen zu gewährleisten, geht dabei über die moderne Forderung enkelgerechten Wirtschaftens deutlich hinaus. In der Praxis wurde im Bergbau nicht nur auf „die Interessen der zukünftigen Generationen Rücksicht genommen", sondern es wurden bewusst erhebliche Investitionen getätigt und Vorleistungen erbracht, die erst der folgenden, oft sogar erst noch späteren Generationen, zu Nutze kommen würden. Als Beispiel sei hier der 2,6 km lange Tiefe Julius-Fortunatus-Stollen in Goslar erwähnt, der die Wasserlösung der Gruben am Rammelsberg zum Ziel hatte (Abb. 4.7). Sein Bau wurde 1486 begonnen; seine Fertigstellung erfolgte (nach einigen Unterbrechungen der Arbeit) erst 99 Jahre später im Jahr 1585! Herzog Heinrich der Jüngere, der Vorgänger und Vater des genannten Herzogs Julius, seufzte völlig zu Recht: „Wir treiben stoln und lebens nit ab, dass sie inkommen" (Bornhardt 1931). Ihm war der Rammelsberger Bergbau und damit auch das bereits begonnene Stollenprojekt durch den Riechenberger Vertrag mit der Stadt Goslar 1552 zugefallen. Er starb 1568, 17 Jahre vor Fertigstellung des Stollens.

Das Prinzip der Posterität war eine zwangsläufige Folge der mittelalterlichen Bergtechnik. In dem Augenblick, in dem der Bergbau Infrastrukturmaßnahmen wie z. B. längere Wasserlösungsstollen erforderte, deren Realisierung bei der damaligen Technik etliche Jahrzehnte in Anspruch

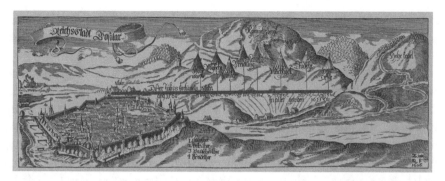

Abb. 4.7 Der Tiefe Julius-Fortunatus-Stollen am Rammelsberg bei Goslar (rot hervorgehoben) (Zacharias Koch 1606)

nahm, war klar, dass die heute arbeitende Generation in Vorleistung für die nachfolgenden Erben trat, so wie sie ihrerseits von den Investitionen der Vorfahren profitierte.

Vor Einführung der Sprengtechnik lag der wöchentliche Stollenvortrieb im Schnitt bei weniger als 0,5 m. Bereits der Bau des 1,6 km langen Rathstiefsten Stollens am Rammelsberg im 12. Jahrhundert dürfte mehr als eine Generation von Bergleuten beschäftigt haben, auch wenn der Vortrieb von mehreren Ansatzpunkten aus erfolgte (Dettmar 2014). Ebenso wie die Wasserlösungsstollen erforderten auch Such- und Erkundungsstollen, als damals (und bis in das 20. Jahrhundert hinein) einziger Möglichkeit der untertägigen Lagerstättenuntersuchung, langfristige Investitionen bei völlig ungewisser Rendite.

Mitte des 19. Jahrhunderts spielte der Posteritätsgedanke eine zentrale Rolle bei den Planungen des Harzer Bergbaus, wie u. a. Laufer (2019) mit verschiedenen Beispielen belegt. Der Bergbau im Harz war damals in einer wirtschaftlichen Krisensituation und wurde letztlich vom Hannoverschen Staat subventioniert, „weil es unverantwortlich wäre, blos an die Gegenwart und nicht an die Nachkommenschaft zu denken" (von Reden 1821, zit. bei Laufer 2019, S. 170). Um 1825 beauftragte die hannoversche Regierung externe Gutachter zu klären, ob der Oberharzer Bergbau ohne größere Zuschüsse unter „möglichster Berücksichtigung der Nachhaltigkeit des Bergbaus und der Wohlfahrt und Erhaltung der Untertanen" fortbestehen könnte. Dabei sollte die Förderleistung der Gruben gemäß dem von den Bergbeamten reklamierten Posteritätsprinzip beurteilt werden, „damit der Bergbau entgegen bergmännischen Grundsätzen nicht in einen Raubbau ausarte, sondern soweit es mit der Sicherstellung der Haushaltsbedürfnisse vereinbar ist, auf die Nachkommen gebracht werde" (Laufer 2019).

Bemerkenswert ist, dass der sonst vorwiegend mit der Forstwirtschaft verbundene Begriff „Nachhaltigkeit" hier unmittelbar auf den Bergbau bezogen wurde (Abschn. 4.1).

Besonders deutlich wird dieses langfristige Denken des Bergbaus auch am Beispiel des Ernst-August-Stollens, dem mit einer Länge von 26 km längsten Wasserlösungsstollen im Harz (Abb. 4.8). Die Baukosten in Höhe von rund 500.000 Talern und die 13-jährige Bauzeit waren nur dadurch zu rechtfertigen, dass man annahm, „durch die großartige Stollenanlage [...] das gedeihliche Fortbestehen des Harzer Bergbaus auf Jahrhunderte hinaus gesichert zu sehen" (Schreiben des Bergamts Clausthal an das königliche Finanzministerium Hannover 1864; Reimann 2014).

Auch in der in Abschn. 3.2 genannten Definition des Begriffs „Raubbau" von Veith (1870/1871) als „derjenige Abbau, bei welchem auf eine rationelle und vollständige Gewinnung sowie auf späteren Betrieb keine Rücksicht

Abb. 4.8 Ernst-August-Stollen, Clausthal-Zellerfeld. (Foto mit freundlicher Genehmigung: M. Kitzig, Bad Sooden-Allendorf)

genommen […] wird", wird die Rücksichtnahme auf den zukünftigen Betrieb als Kennzeichen eines ordnungsgemäßen, nachhaltigen Bergbaus deutlich.

Letztlich sind auch moderne Bergbaugroßprojekte wegen des enormen Kapitaleinsatzes oft auf eine jahrzehntelange und Generationen übergreifende Betriebsdauer angelegt. Die Vorarbeiten und Planungen zum Tagebau Hambach im Rheinischen Braunkohlerevier begannen in den 1960er Jahren. Das Genehmigungsverfahren wurde 1974 eingeleitet, der Aufschluss des Tagebaus erfolgte im Jahr 1978. Die erste Kohle wurde sechs Jahre später gefördert, und das Abbauende wurde ursprünglich für das Jahr 2040 geplant, 62 Jahre nach dem Beginn des Aufschlusses (Abb. 4.9). Dass sich in diesen Zeiträumen die gesellschaftliche Akzeptanz für ein solches Großprojekt völlig ändern kann und voraussichtlich zu seinem vorzeitigen Ende führen wird, ist eine für den Bergbau durchaus neue Erfahrung.

Die Verhältnisse im sächsischen Erzbergbau glichen weitgehend denen im Harz. Wenn also von Carlowitz im Jahr 1713 die nachhaltende Nutzung der Forst als Lösung der Holzkrise propagierte, so griff er damit auf ein Gedankengut zurück, das als Prinzip der Posterität im Bergbau

Abb. 4.9 Tagebau Hambach im Rheinischen Braunkohlerevier (2019). Links: Abbau des Deckgebirges. Mitte: Freiliegendes Flöz. Rechts: Kippenseite

schon seit Jahrhunderten fest verwurzelt war. Nachhaltiges, enkelgerechtes Wirtschaften war ihm als oberstem Bergbeamten Sachsens gelebte Praxis. Er übertrug diese Praxis nun auf die Forstwirtschaft, einen anderen, als unabdingbar notwendige „Hilfswirtschaft" des Bergbaus ebenfalls in seiner Zuständigkeit liegenden Wirtschaftszweig.

Inwieweit dabei auch andere Motivationen oder Hintergründe eine Rolle spielten, kann dahingestellt bleiben. Laufer (2019) sieht die *Sylvicultura Oeconomica* vor dem Hintergrund der Lehrmeinungen des Merkantilismus und vor allem des Kameralismus. Bei der Wieden (2011) stellt das Werk von Carlowitz' in die Tradition der ökonomischen Literatur lutherischer Prägung, die als „Hausväterliteratur" bezeichnet wird.

Das in die Zukunft gerichtete enkelgerechte Wirtschaften des Bergbaus findet seine Entsprechung auch im Traditionsbewusstsein der Bergleute, das wie in kaum einem anderen Wirtschaftszweig ausgeprägt ist. Die Bergleute sehen sich als Teil einer weit in die Vergangenheit zurückreichenden Kette von Vorgängern, die jeweils ihre Aufgabe darin gesehen haben, den „Bergbau auf die nächste Generation zu bringen". Dass diese Kette durch die Einstellung des Bergbaus heute unterbrochen wird, erklärt vielleicht zum Teil die starke Emotionalität, die die Bergwerksstilllegungen bei den betroffenen Bergleuten ausgelöst haben. In „jungen" Bergbauländern wie den USA oder Australien, in denen eine solche Traditionskette nicht besteht, ist das „ständische" Bewusstsein der Bergleute viel weniger ausgeprägt als in Mitteleuropa.

Neben dem Rückgriff auf das Posteritätsprinzip empfahl von Carlowitz, den nur begrenzt zur Verfügung stehenden regenerativen Rohstoff Holz durch den Rückgriff auf die bisher nicht oder nur wenig genutzten fossilen Rohstoffe Torf und Kohle zu ergänzen. Damit stellt sich zwangsläufig die Frage nach der langfristigen Verfügbarkeit der fossilen, nichtregenerativen Georessourcen.

Literatur

Bartels, C. (1992). Vom frühneuzeitlichen Montangewerbe zur Bergbauindustrie. – Erzbergbau im Oberharz 1635–1866. *Veröff. aus dem Dt. Bergbaumuseum Bochum, 54,* 740 S.
Becker, F., Bräunig, A., Hagenguth, G., Steinweller, M., & Wrede, V. (2014). Salz und Sole im GeoPark Ruhrgebiet. *GeoPark Themen, 7,* 35 S.

Bei der Wieden, B. (2011). Bemerkungen zur „Entdeckung der Nachhaltigkeit". *Abhandlungen der Braunschweigischen Wissenschaftlichen Gesellschaft, 64,* 125–145.

Beug, H.-J., Henrion, I., & Schmüser, A. (1999). *Landschaftsgeschichte im Hochharz. Die Entwicklung der Wälder und Moore seit der letzten Eiszeit.* 454 S. Clausthal-Zellerfeld: Papierflieger.

Bornhardt, W. (1931). Die Geschichte des Rammelsberger Bergbaus von seiner Aufnahme bis zur Neuzeit. *Arch. f. Lagerstättenforsch., 52,* 366 S.

Bundesinformationszentrum Landwirtschaft. (2019). Was wächst auf Deutschlands Feldern? https://www.landwirtschaft.de/landwirtschaft-verstehen/wie-arbeiten-foerster-und-pflanzenbauer/was-waechst-auf-deutschlands-feldern/. Zugegriffen: 9. Sept. 2019.

von Carlowitz, H. C. (1713). *Sylvicultura Oekonomica oder Hauswirthliche Nachricht und Naturmäßige Anweisung zur Wilden Baum-Zucht…* 484 S. Leipzig: Braun.

Dennert, H. (1974). *Kleine Chronik der Oberharzer Bergstädte.* 200 S. Clausthal-Zellerfeld: Pieper.

Dettmar, H.-G. (2014). Die Grubensümpfung im Rammelsberg von der großen Wassernot bis zur Reform des Johann Christoph Roeder. In: W. Lampe, & Langefeld O. (Hrsg.), *„Gottlob der Durchschlag ist gemacht" – 150 Jahre Ernst-August-Stollen.* 148–161. Clausthal-Zellerfeld.

von Ditfurth, H. (1984). Die mörderische Konsequenz des Mitleids. *Der Spiegel, 33,* 85–86.

FAO (Food and Agriculture Organization of the United Nations). (1996). World Food Summit – Food for All; 13.–17. November 1996, Rom. https://www.fao.org/3/x0262e/x0262e05.htm.

FAO (Food and Agriculture Organization of the United Nations). (2019). The state of Food Security in the World. 239 S. Rom. https://www.fao.org/state-of-food-security-nutrition/en/.

Fessner, M. (1998). Steinkohle und Salz. Der lange Weg zum industriellen Ruhrrevier. *Veröff. aus dem Dt. Bergbaumus. Bochum, 73,* 458.

Fessner, M. (2015). Der Kupferschieferbergbau in der Grafschaft Mansfeld bis zum Dreißigjährigen Krieg. In: G. Jankowski (Hrsg.), *Mansfelder Schächte und Stollen. Bd. 6: Forschungsberichte des Landesmuseums für Vorgeschichte Halle.* 129 S. Halle: Landesamt für Denkmalpflege und Archäologie Sachsen-Anhalt, Landesmuseum für Vorgeschichte.

Fritsch, A. (1702). Corpus Juris Venatorio-Forestalis; Pars III; Leipzig (Nds. Landesarchiv Staatsarchiv Wolfenbüttel 4 Alt 16 Nr. 46).

Geibel, R. (2001). Forstwirtschaft am Rammelsberg seit 1500. *Der Rammelsberg – Tausend Jahre Mensch. Natur. Technik, 2,* 474–491.

Gleitsmann, R. J. (1984). Der Einfluß der Montanwirtschaft auf die Waldentwicklung Mitteleuropas. Stand und Aufgaben der Forschung. In: W. Kroker, &

E. Westermann (Hrsg.), *Montanwirtschaft Mitteleuropas vom 12. Bis 17. Jahrhundert*. Anschnitt, Beih. 2, 24–39.

Grober, U. (2001). Hans Carl von Carlowitz, ein Freiberger Oberberghauptmann prägte 1713 den Begriff Nachhaltigkeit (susatainable development). *Mitt. Freib. Altertumsverein, 87,* 13–31.

Grober, U. (2013a). Urtexte – Carlowitz und die Quellen unseres Nachhaltigkeitsbegriffs. *Natur und Landschaft, 2,* 46–53.

Grober, U. (2013b). Nachhaltigkeit – Schlüssel zum Überleben oder Leerformel. *Exkursionsf. und Veröffl. DGG, 250,* 18–23.

Hake, H. (1583). Chronikon der Bergwercke zu Goslar, Zellerfeldt, Grunde, Wildemann, Lautenthal. Die Bergchronik des Hardanus Hake, Pastors zu Wildemann. Hrsg. v. H. Denker (1911). *Forsch. z. Gesch. d. Harzgebietes, 2,* 219 + 39 S.

Hartung, K. (2003). Kali im Südharz-Unstrut-Revier. Die historische Entwicklung. In: H. Bartl, G. Döring, K. Hartung, C. Schilder, & R. Slotta (Hrsg.), *Kali im Südharz-Unstrut-Revier* (Bd. 1, 14–81). Bochum: Dt. Bergbau-Museum.

Horn, J. (1907). Geschichte der Bergakademie. In: *Die Königliche Bergakademie zu Clausthal. Ihre Geschichte und Ihre Neubauten. Festschr. zur Einweihung der Neubauten.* 1–65. Leipzig: Breitkopf & Härtel.

Jahn, A. (2013). *Die Erfindung der Nachhaltigkeit: Leben, Werk und Wirkung des Hans Carl von Carlowitz.* 285 S. München: Oekom.

Knolle, F. (2016). Forstliche Nachhaltigkeit – Nicht im Harz erfunden, aber von Hans Dietrich von Zanthier gelehrt. *Unser Harz, 64,* 168–171.

Knolle, F., Ernst, W., Dierschke, H., Becker, T., Kison, H.-U., Kratz, S., & Schnug, E. (2011). Schwermetallvegetation, Bergbau und Hüttenwesen im westlichen GeoPark Harz – Eine ökotoxikologische Exkursion. *Braunschw. Naturkdl. Schriften, 10*(1), 1–44.

Knolle, F., Wegener, U., & Rupp, H. (2020). 6000 Jahre Umweltfolgen der Harzer Montanwirtschaft. – 48. Treffen des Arbeitskreises Bergbaufolgen der DGGV am Rammelsberg bei Goslar 10. –12. September 2020. *Exkursionsf. und Veröffl. DGG, 265,* 121–147.

Küster, H. (1995). *Geschichte der Landschaft in Mitteleuropa.* 424 S. München: C.H. Beck.

Laufer, J. (2019). Nachhaltigkeit als Strategie staatlicher Ressourcenökonomik im 18. und 19. Jahrhundert – der Harzer Bergbau als Sonderfall. In: A. Reitemeier, A. Schanbacher, & T. S. Scheer (Hrsg.), *Nachhaltigkeit in der Geschichte,* 157–175. Göttingen: Göttingen University Press.

Liebig, J. (1840). *Die organische Chemie in ihrer Anwendung auf Agricultur und Physiologie.* 353 S. Braunschweig: Calve.

Malthus, T. (1798). *An essay on the principle of population.* 208 S. Oxford: Oxford University Press (Reprint 1993).

Maxeiner, D., & Miersch, M. (1996). *Ökooptimismus.* 342 S. Düsseldorf.

Naundorf, L. (2001). Goslar und sein Wald bis 1552. *Der Rammelsberg. Tausend Jahre Mensch. Natur, Technik.*, *2*, 462–473.

Rauche, H. (2019): Kalilagerstätten in Nordwestthüringen – Vergangenheit, Gegenwart und Zukunft des Südharzer Kalireviers. – Vortr. 81. Tagung der AG Norddeutscher Geologen am 11. Juni 2019: 2 S.; Sangerhausen.

Reimann, M. (2014). Geburtstagskind Ernst-August-Stollen. In: W. Lampe & O. Langefeld (Hrsg.), *„Gottlob der Durchschlag ist gemacht" – 150 Jahre Ernst-August-Stollen.* 38–55. Clausthal-Zellerfeld.

Reininghaus, W. (2018). *Die vorindustrielle Wirtschaft in Westfalen: Ihre Geschichte vom Beginn des Mittelalters bis zum Ende des Alten Reiches.* 3 Bde., 1536 S. Münster: Aschendorff.

Roser, M., & Ritchie, H. (2019). Food per Person. OurWorldInData.org. https://ourworldindata.org/food-per-person. Zugegriffen: 20. Dez. 2019.

Schmidt, R. (2013). Hans Carl von Carlowitz – Leben und Werk. *Exkursionsf. und Veröffl. DGG, 250,* 11–17.

Slotta, R. (2011). 150 Jahre Kaliproduktion in Deutschland. *Kali und Steinsalz, 3,* 20–39.

Thaer, A. D. (1809–1812). *Grundsätze der rationellen Landwirthschaft* (4 Bde.). Berlin: Reimer.

Timm, W. (1978). *Von den Brockhauser Salzwerken zur Saline Königsborn.* 44 S. Hagen: Stadtarchiv Hagen.

Veith, H. (1870/1871). *Deutsches Bergwörterbuch; Breslau.* 601 S. Vaduz (Nachdruck 2008).

VKS (Verband der Kali- und Steinsalzindustrie e. V.). (2015). *Kali und Salz. Wertvolle Rohstoffe aus Deutschland.* 27 S. Kassel.

Waldmann, B. (2019). Kohlenbergbau am Meißner. https://wiki-de.genealogy.net/Hoher_Mei%C3%9Fner#Schwalbenthal. Zugegriffen: 20. Febr. 2020.

Welthungerindex. (2019). https://www.globalhungerindex.org/de/results.html. Zugegriffen: 20. Nov. 2019.

Wrede, V. (1998). Bald reich, bald arm, bald gar nichts. *Der Schieferbergbau im Harz.*, 85 S. Clausthal-Zellerfeld: Pieper.

Wüst, W. (2007). Nachhaltige Landespolitik? Fürstenherrschaft und Umwelt in der Vormoderne. *Zeitschrift für Bayerische Landesgeschichte, 70*(1), 85–108.

5

Wie lange reichen unsere Rohstoffe?

Die Rohstoffvorräte sind keine statische Größe. Die wirtschaftlich nutzbare Menge der Rohstoffe wird von zahlreichen sich dynamisch und mitunter sehr schnell verändernden Bedingungen auf Angebots- wie auf Nachfrageseite definiert. Diese Veränderungen sind kaum vorherseh- oder abschätzbar. Die Rohstoffexploration weist in der Regel eine Versorgungssicherheit von mindestens 30 Jahren nach. Sie sichert daher nicht nur den aktuellen Bedarf, sondern auch die Versorgung mindestens der nächsten Generation. Weiter gehende Prognosen sind wenig verlässlich und haben sich in der Vergangenheit als meist zu pessimistisch erwiesen.

5.1 Rohstoffprognosen

Schon seit langer Zeit bestehen Besorgnisse, ob und für welche Zeiträume die Georessourcen zur Versorgung ausreichen. Bereits 1744 äußerte P. Krezschmer (1744, S. 26) folgende Besorgnis „Zwar ist es wahr, wir haben jetzo noch Steinkohlen. Allein ich lasse Verständige urtheilen, ob ich fragen kan; Wie, wenn die Stein-Kohlen alle würden?".

Die Frage nach der heutigen und zukünftigen Verfügbarkeit der Rohstoffe ist essentiell für alle Überlegungen zur Nachhaltigkeit der Rohstoffwirtschaft.

Betrachtet man die Entwicklung der Rohstoffversorgung in der Zeit nach dem Zweiten Weltkrieg, so lassen sich verschiedene Zyklen unterscheiden.

Nach einem Rohstoffboom während des Koreakriegs von 1950 bis 1953 sanken die Preise für annähernd alle Rohstoffe rapide ab. Bis zum Ende der 1960er Jahre machte sich in der westlichen Welt daher kaum jemand Sorgen um die Sicherheit der Rohstoffversorgung. Diese Entwicklung war für rohstoffimportierende Länder wie Deutschland zwar grundsätzlich positiv, warf aber trotzdem Probleme auf. Zahlreiche Bergbaubetriebe in Deutschland wurden in Anbetracht der verfallenen Weltmarktpreise unrentabel und mussten ihren Betrieb einstellen (Abschn. 6.13). So geriet beispielsweise der traditionsreiche Siegerländer Erzbergbau in den 1950er Jahren wegen der billigeren ausländischen Konkurrenz in Schwierigkeiten und musste 1965 mit der Schließung der letzten Gruben eingestellt werden. Auch im Ruhrgebiet wirkte sich der Preisverfall für Erze in dieser Zeit aus. Der Abbau von Blei- und Zinkerzen auf den Zechen Christian Levin in Essen und Auguste Victoria in Marl musste 1958 bzw. 1965 wegen Unrentabilität aufgegeben werden (Abb. 5.1). Der 1952 entdeckte „Klara-Gang" auf der Zeche Graf Moltke in Gladbeck wurde noch für den Abbau vorgerichtet. Als 1958 die Förderung beginnen sollte, waren die Metallpreise aber so weit verfallen, dass das Projekt aufgegeben werden musste. In allen diesen Fällen sind noch erhebliche Erzvorräte nachgewiesen.

Auch auf dem Energiesektor wurde das Überangebot von Rohstoffen kritisch. War 1956 noch das Jahr mit der höchsten Kohleförderung im Ruhrgebiet nach dem Zweiten Weltkrieg, setzte schon 1958 eine Absatzkrise ein, die im Folgejahr zu den ersten Feierschichten im Ruhrbergbau führte.

Abb. 5.1 Erzbergbau im Ruhrgebiet. (Foto: Zeche Auguste Victoria, Marl)

Vor allem die Konkurrenz des billigen Erdöls verursachte auf vielen Absatz-märkten der Kohle massive Einbrüche, ebenso die beginnende Nutzung der Kernenergie bei der Stromproduktion. Die Kohlekrise war eine Folge eines Überangebots an Energierohstoffen in den 1950er und 1960er Jahren.

Wirkte sich der Preisverfall der Rohstoffe für die rohstoffimportierenden Länder in der Handelsbilanz positiv aus, so schadete er den rohstoff-exportierenden Ländern. Besonders betroffen davon waren die damaligen Entwicklungsländer und die seinerzeit noch bestehenden Kolonien, die ihren wirtschaftlichen Nutzen für die Mutterländer hierdurch immer stärker einbüßten und in ihrer eigenen Wirtschaftskraft geschwächt wurden. Die sinkenden Rohstoffpreise könnten somit zur Dekolonialisierung beigetragen haben, erschwerten den neuen Entwicklungsländern aber deren Start. Die überwiegend auf der Ausfuhr von Rohstoffen basierenden Exporterlöse der Entwicklungsländer sind allein in den Jahren 1957 und 1958 um rund 5 Mrd. $ gesunken. Dieser Betrag war größer als die Gesamtsumme, die diese Länder im gleichen Zeitraum als Entwicklungshilfe erhalten haben (Kraft 1961). Das zum großen Teil aus den sog. Dritte-Welt-Ländern stammende weltweite Überangebot an Rohstoffen war somit mitverantwort-lich für deren gehemmte Entwicklung.

Die im Zusammenhang mit dem im Jahr 1973 ausbrechenden Jom-Kippur-Krieg zwischen den arabischen Staaten und Israel von den arabischen Ölförderländern als Boykottmaßnahme gegenüber den westlichen Ländern hervorgerufene „erste Ölkrise" machte diesen die Risiken ihrer oft einseitigen Abhängigkeit von Rohstoffimporten bewusst. Auf Grund der Drosselung des Ölexports stieg der Erdölpreis von ca. 3 $/Barrel in kurzer Zeit auf 12 $/ Barrel. Kurzfristig wirkte sich dies für die Weltwirtschaft negativ aus. Länger-fristig wurde aber jetzt die Erschließung zusätzlicher Ölfelder unabhängig von der Organisation erdölexportierender Staaten (OPEC) für die west-lichen Staaten nicht nur politisch wünschenswert, sondern auch wirtschaft-lich machbar. Auch wenn die ersten Ölfunde schon 1969 erfolgten, ist die großräumige Erschließung des Nordseeöls vor allem von Großbritannien und Norwegen ab 1974 als unmittelbare Folge der Ölkrise von 1973 zu sehen, ebenso der Ende 1973 genehmigte und dann 1975 bis 1977 realisierte Bau der Trans-Alaska-Pipeline, der die Erschließung der Ölfelder im arktischen Norden Alaskas ermöglichte. Zugleich setzten auch eine intensive Erkundung und Erschließung anderer Rohstoffe ein, um die Versorgung der westlichen Industrieländer auf eine breitere Basis zu stellen. Diese „Boomphase" der Rohstofferkundung hielt bis etwa zum Jahr 1980 an.

Danach beruhigte sich der Rohstoffmarkt bei nur mäßig schwankenden Weltmarktpreisen bis etwa 2005. In der Zeit von 2005 bis 2012 stieg die

Nachfrage nach Bergbaurohstoffen erneut stark an. Dies war vor allem der wirtschaftlichen Entwicklung in Südostasien, insbesondere in China, geschuldet, das global mit massiven Aufkäufen von Rohstoffen und Lagerstätten die materielle Basis seines Wirtschaftsaufschwungs langfristig sichern wollte. Der damit verbundene Preisanstieg für Rohstoffe führte weltweit zu einer starken Ausweitung der Explorationstätigkeit, die auch in Deutschland spürbar wurde. Allein in Sachsen wurden im Zuge des „neuen Berggeschreys" nach 2006 beim Oberbergamt über 60 Anträge auf Bergbauberechtigungen gestellt. Das Sächsische Landesamt für Umwelt, Landwirtschaft und Geologie stellte die Informationen, die vor allem während der DDR-Zeit und auch danach über die Erz- und Mineralvorkommen in Sachsen gewonnen wurden, in Form einer Datenbank öffentlich zur Verfügung (SLULG 2013).

In der Lausitz wurde 2007 mit der Erschließung der Kupferschieferlagerstätte bei Spremberg begonnen. Seit 2012 sind jedoch generell wieder fallende Rohstoffpreise zu beobachten, so dass z. B. dieses Projekt gegenwärtig nur in begrenztem Umfang vorangetrieben wird und vom betreffenden Unternehmen die möglichen Abbaus erst für den Zeitraum ab 2030 angestrebt wird (KSL 2019). Dann ist mit einem neuen Nachfragezyklus zu rechnen.

Der Erdölpreis ist auf Grund politischer Unruhen in verschiedenen Förderländern (z. B. Bürgerkrieg in Libyen) und hoher Nachfrage stark angestiegen und erreichte 2008 mit ca. 140 \$/Barrel sein Maximum. Seitdem ist er wieder stark gefallen und lag im März 2020 bei unter 30 \$/Barrel. (Abschn. 6.6).

Zusammenfassend lässt sich erkennen, dass die Entwicklung der globalen Rohstoffwirtschaft seit dem Zweiten Weltkrieg in Zyklen verläuft: Etwa alle 20 Jahre (1950–1953, 1973–1980, 2005–2012) treten Phasen mit hoher Nachfrage und hohen Preisen auf, die von Phasen mit geringerer Nachfrage und stagnierenden oder sinkenden Preisen getrennt werden.

Die 1960er Jahre waren in der Rückschau eine unruhige und von vielen Unsicherheiten geprägte Zeit: 1961 wurde die Berliner Mauer gebaut, 1962 folgte die Kubakrise, 1963 wurde der amerikanische Präsident Kennedy ermordet. Ab 1966 erschütterte die Kulturrevolution China, 1967 bedrohte der Sechs-Tage-Krieg die Existenz Israels, 1968 wurde der Prager Frühling niedergeschlagen, 1969 kam es zu kriegerischen Auseinandersetzungen zwischen China und Russland in Sibirien, aber es gelang auch die erste Landung von Menschen auf dem Mond. Hinzu kamen der eskalierende Vietnamkrieg, die Konflikte der De-Kolonisierung und die gesellschaftlichen Umwälzungen in der westlichen Welt, zu denen in Deutschland die „68er-Bewegung" zählt.

Es verwundert daher nicht, dass Ende der 1960er Jahre Besorgnisse formuliert wurden, dass die Bevölkerungsexplosion einerseits und die unzureichende wirtschaftliche Entwicklung in den teilweise neu entstandenen Entwicklungsländern andererseits, zusammen mit dem durch den Kalten Krieg bedingten Wettrüsten und anderen negativen Faktoren, die Menschheit in eine existenzielle Krise führen könnten. So äußerte der damalige UN-Generalsekretär U Thant im Jahr 1969 gegenüber der Generalversammlung der Vereinten Nationen die Befürchtung, dass die Probleme der Menschheit innerhalb des nächsten Jahrzehnts unlösbar würden, wenn es nicht gelänge, das Wettrüsten, die Umweltverschmutzung, die Bevölkerungsexplosion und die wirtschaftliche Stagnation zu beenden (Meadows 1972).

In der Folge beauftragte der Club of Rome mit Finanzierung der deutschen Volkswagenstiftung eine Arbeitsgruppe am Massachusetts Institute of Technology (MIT) damit, die Ursachen und inneren Zusammenhänge der kritischen Menschheitsprobleme zu ergründen und in einem umfassenden Modell darzustellen. Dieses mathematisch aufgebaute Weltmodell untersuchte vorrangig fünf wichtige Entwicklungen mit weltweiter Wirkung: die beschleunigte Industrialisierung, das rapide Bevölkerungswachstum, die weltweite Unterernährung, die Ausbeutung der Rohstoffreserven, die Zerstörung des Lebensraums und die zwischen diesen Erscheinungen bestehenden Wechselwirkungen.

Das Ergebnis dieser Studie, der sogenannte *Bericht des Club of Rome*, wurde weltweit publiziert, in Deutschland unter dem Titel *Die Grenzen des Wachstums* (Meadows 1972). Diese Studie löste intensive öffentliche Debatten aus und gewann eine erhebliche, bis heute anhaltende politische Bedeutung. Im Folgenden sollen die Aussagen der Studie in Hinblick auf die zukünftige Verfügbarkeit der nichtregenerativen Rohstoffe betrachtet werden.

Meadows (1972) geht von zwei Grundannahmen aus:

1. Der Bedarf an Rohstoffen wächst proportional zur Weltbevölkerung (und damit exponentiell).
2. Die Rohstoffvorräte sind endlich, nicht vermehrbar und in ihrer Menge abschätzbar.

In ihrem Modell unterstellten die Bearbeiter einen mit der erwarteten exponentiellen Bevölkerungsentwicklung ansteigenden Rohstoffverbrauch und nahmen an, dass die tatsächlich nutzbaren Rohstoffvorräte etwa fünffach höher sein dürften als die seinerzeit (1970) bekannten.

Die Abschätzungen führten für viele wichtige Elemente zu erschreckend kurzen noch zur Verfügung stehenden Versorgungszeiträumen zwischen 30 und 65 Jahren (Tab. 5.1). Selbst unter Zugrundelegung der optimistischsten Szenarien wären die Weltvorräte an Gold bereits im Jahr 1999, an Quecksilber 2011, an Silber 2012, an Kupfer 2018 und an Zink 2020 aufgezehrt worden, die Vorräte an Aluminium, Zinn, Blei und Molybdän würden bis zum Jahr 2035 verbraucht (Meadows 1972, Tab. 4).

Außerdem wurde prognostiziert, dass die Erdgasvorräte 2019 und die Erdölvorräte 2020 zu Ende gehen würden.

Obwohl die Prognosen der Club-of-Rome-Studie ganz offensichtlich unzutreffend sind, haben sie weite Verbreitung gefunden, und der Berechnungsansatz wurde bis heute zur Grundlage weitreichender politischer und gesellschaftlicher Entscheidungen.

Wie konnte es nun zu den Fehlprognosen der Club-of-Rome-Studie kommen? Von Rempe (2010; pers. Komm. 2019) wurde die historische Entwicklung der Rohstoffprognosen untersucht und analysiert. Er stellte fest, dass seit dem 19. Jahrhundert bis heute die Abschätzungen der Verfügbarkeit von Rohstoffen in der Regel lediglich Versorgungszeiträume von wenigen Jahrzehnten ausweisen. Ursache hierfür ist, dass es für die Bergbauindustrie wenig sinnvoll ist, Gelder in die Exploration von Rohstoffvorkommen zu investieren, die erst in fernerer Zukunft abgebaut werden können. Ist die Versorgung des Marktes für mindestens 30 bis 40 Jahre, d. h. für eine Generation, gesichert, wird die Exploration in der Regel zurückgefahren. Ist die Exploration besonders erfolgreich, kann sie natürlich auch zum Nachweis von Vorräten führen, die größer sind als der Bedarf der nächsten 30 Jahre.

Durch den Ansatz von Meadows (1972) wurde das ursprünglich auf die Nahrungsmittelversorgung gerichtete Modell von Malthus (1798) wiederbelebt, wonach der Rohstoffverbrauch an die Bevölkerungsentwicklung

Tab. 5.1 Reichweite von Bergbaurohstoffen (Meadows 1972)

Rohstoff	Angenommene Vorräte	Maximale Dauer der Verfügbarkeit
Gold	11.000 t	1999
Quecksilber	3.340.000 FL	2011
Silber	170.000 t	2012
Kupfer	308 Mio. t	2018
Zink	123 Mio. t	2020
Aluminium	1170 Mio. t	2025
Zinn	4,35 Mio. t	2031
Blei	91 Mio. t	2034
Molybdän	4,95 Mio. t	2035

geknüpft sei, die schneller steige als die Menge der zur Verfügung stehenden Rohstoffe (Abschn. 4.2).

Meadows (1972) und in der Folge auch in Deutschland z. B. Herbert Gruhl (1975) nahmen irrigerweise an, dass die Rohstoffvorräte der Welt im Wesentlichen bekannt oder zumindest quantitativ abschätzbar wären:

> *Die* [von Meadows] *angenommene Verfünffachung der bisherigen Funde dürfte jedoch bei den meisten Rohstoffen illusorisch sein. Aber gleichgültig, ob die Erde nun die doppelte, die dreifache oder fünffache Menge birgt, sicher ist: die Vorräte könnten nur dann ins Gewicht fallend gestreckt werden, wenn der Verbrauch gebremst wird und konstant bleibt. Nur dann würden die Neuentdeckungen von Rohstofflagern auch die Fristen der Verfügbarkeit entsprechend verlängern – bisher decken sie immer nur gerade den Mehrverbrauch.* (Gruhl 1975, S. 62)

Genau hier liegt das Missverständnis: Es ist das Prinzip der Exploration, dass die Vorräte immer (nur) so weit wieder aufgefüllt werden, dass sie den prognostizierten, steigenden Verbrauch der nächsten drei bis vier Jahrzehnte, d. h. für mindestens die kommende Generation, sichern. Besonders deutlich wird dies bei der prognostizierten Reichweite von Erdöl. Hier liegt seit den 1950er Jahren eine Reichweite der Ressourcen von jeweils 35 bis 40 Jahren vor, die als „Erdölkonstante" bezeichnet wurde (Abb. 5.2). In den letzten Jahren ist dieser Wert wegen der Erschließung neuer Lagerstättentypen (Schieferöl) sogar auf über 50 Jahre angewachsen (Abb. 5.3).

Der gesicherte Versorgungszeitraum hängt von zwei Größen ab: einerseits von der bekannten Vorratsmenge, andererseits vom prognostizierten Verbrauch. Entwickelt sich der Verbrauch anders als angenommen, ändert sich auch der gesicherte Versorgungszeitraum.

Der gesicherte Versorgungszeitraum, bezogen auf die aktuelle Jahresfördermenge, wird Statische Reichweite eines Rohstoffs genannt; sie gibt das Verhältnis zwischen bekannten Reserven (R) und dem aktuellen Verbrauch (Consumption, C) an und wird international als R/C-Ratio bezeichnet (Wellmer 2008; Zwartendyk 1974). In diesem Sinne wird der Begriff der Statischen Reichweite auch vom Umweltbundesamt definiert:

> *Die Statische Reichweite ist das Verhältnis aus Rohstoffreserve und weltweiter Jahresfördermenge eines Rohstoffs, angegeben in Jahren. Die Statische Reichweite gibt lediglich eine Momentaufnahme in einem dynamischen System an. Sie kann nicht als Größe für die Lebensdauer der Reserven interpretiert werden. Sie ist ein Indikator, der den Bedarf für Exploration und Recycling eines Rohstoffs anzeigt.* (UBA 2012)

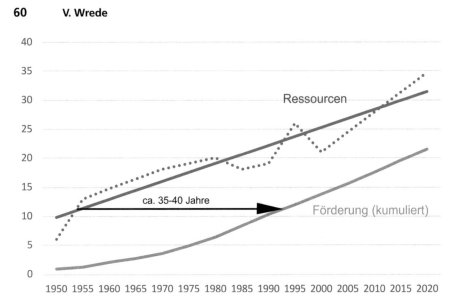

Abb. 5.2 Verhältnis zwischen den zu einem bestimmten Zeitpunkt geschätzten globalen Erdölressourcen und der kumulativen Gesamtproduktion (in 10^{12} Barrel). Es bleibt ein stetiger Puffer von 35 bis 40 Jahren Versorgungssicherheit (Daten nach Gorelick 2010; BP 2018)

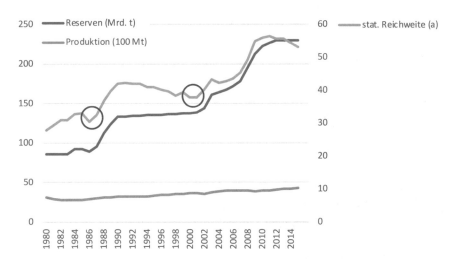

Abb. 5.3 Vergleich der Entwicklung der bekannten globalen Erdölreserven und der Statischen Reichweite: Trotz steigender Produktion werden nicht nur die Reserven, sondern auch die Statische Reichweite (in Jahren (a) größer. Sinkt die Statische Reichweite deutlich ab (rot markiert), füllt verstärkte Exploration die Reserven wieder auf (Daten nach Gorelick 2010; BP 2018)

Es wird in Abb. 5.3 deutlich, dass die Reserven jeweils über einige Jahre stabil bleiben, während die Statische Reichweite abnimmt (z. B. 1990–2003). In dieser Zeit übersteigt der Verbrauch die Menge der Neufunde. Wenn der gesicherte Versorgungszeitraum einen kritischen Wert unterschreitet (z. B. 30 Jahre im Jahr 1987 und 35 Jahre im Jahr 2003), setzt verstärkte Exploration ein, die die Reserven schnell steigen lässt und die Statische Reichweite wieder deutlich anhebt (>40 Jahre). Der starke Anstieg der Reserven und der Statischen Reichweite ab dem Jahr 2007 ist vor allem auf die Erkundung der Schieferölvorkommen *(Fracking)* in den USA zurück zu führen.

Es besteht eine enge wechselseitige Abhängigkeit zwischen dem gesicherten Versorgungszeitraum und der Rohstoffpreisentwicklung: Droht ein Rohstoff knapp zu werden, steigt sein Preis, und die Exploration wird attraktiv. Gleichzeitig kann die Gewinnung von ärmeren, bisher unwirtschaftlichen Vorkommen lukrativ werden, wodurch sich die Vorratsbilanz vergrößert (Abschn. 6.1). Sinken wegen nachlassender Nachfrage bzw. Überangebots eines Rohstoffs oder aus anderen Gründen[1] die Preise, müssen bisher wirtschaftlich gewinnbare Lagerstätten möglicherweise abgeschrieben werden. Die dort bekannten Ressourcen bleiben jedoch erhalten und können bei veränderten Marktbedingungen gegebenenfalls wieder reaktiviert werden.

Ähnlich zyklische Entwicklungen wie in Abb. 5.3 für das Erdöl dargestellt, lassen sich auch bei den meisten anderen Rohstoffen beobachten. Nach der intensiven und erfolgreichen Explorationsphase nach Bergbaurohstoffen um 2010 (Explorationsausgaben weltweit 2011: >20 Mrd. €) ist die Explorationstätigkeit stark zurückgegangen (Ausgaben 2016: <8 Mrd. €), da seinerzeit ausreichend Vorräte nachgewiesen wurden, um die Versorgung sicherzustellen. Da für einige Rohstoffe die gesicherten Versorgungszeiträume gegenwärtig wegen gestiegener Nachfrage stärker als erwartet zurückgehen, ist in absehbarer Zeit aber wieder mit einer Zunahme des Explorationsbedarfs zu rechnen (Wedig 2019).

Demgegenüber steht eine Betrachtungsweise, die auf Berechnungen von Hubbert (1956) zurückgeht, der annahm, dass die noch verfügbaren Kohlenwasserstoffvorräte begrenzt seien und sich in absehbarer Zeit erschöpfen würden. Nach dieser Theorie wird die weltweite Förderung von Erdöl entsprechend der Nachfrage zunächst stetig ansteigen und dann,

---

[1]Das können z. B. auch währungspolitische Entwicklungen sein, wie am Beispiel Ramsbeck (Abschn. 3.1) dargestellt wurde.

sobald die Hälfte der verfügbaren Erdölvorräte gefördert wurde, dem Zeitpunkt des *Peak-Oil*, irreversibel zurückgehen. Die Förderung würde dann die weiter steigende Nachfrage nicht mehr bedienen können. Es ist allerdings sehr zweifelhaft, dass die Nachfrage weiter ansteigen würde, wenn es tatsächlich zu einer realen Verknappung eines Rohstoffs käme. Wegen der dann steigenden Preise würden die Verbraucher nach Alternativen suchen. Im Falle des Erdöls stünden heute z. B. Erdgas, Wasserstoff oder Elektro-antriebe zur Verfügung.

Als in der Zeit nach dem Zweiten Weltkrieg die Versorgung mit Benzin und anderen Treibstoffen stockte, griff man auf Holzgas als alternativen Treibstoff zurück.

Bezogen auf die USA prognostizierte Hubbert den Peak-Oil auf das Jahr 1970, für die globale Erdölförderung etwa auf das Jahr 2000 (Abb. 5.4). Inzwischen haben allerdings neue Fördertechniken und Investitionen im Bereich der Exploration dazu geführt, dass die weltweite Erdölproduktion insgesamt weiter steigen konnte (BPB 2016), so dass von den Verfechtern der Peak-Oil-Theorie der Zeitpunkt des angenommen Fördermaximums immer weiter in die Zukunft verschoben wurde (z. B. Campbell und Laherrere 1998; Vorholz 2006; ASPO 2007; Schindler und Zittel 2008;

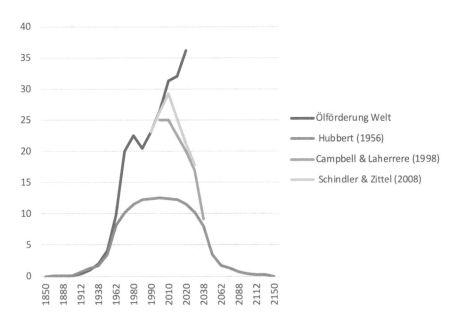

Abb. 5.4 Globale Ölproduktion (100 Mio. t) im Vergleich zu den Peak-Oil-Vorher-sagen nach Hubbert (1956), Campbell und Laherrere (1998) sowie Schindler und Zittel (2008). Werte teilweise interpoliert

Zittel 2010). Das Modell wurde durch die reale Entwicklung der Vorrats-
zahlen weitgehend widerlegt. So gingen in den USA die Vorräte an Erdöl
zwischen 1980 und 2008 tatsächlich von 36,5 Mrd. Barrel auf 28,4 Mrd.
Barrel vorübergehend zurück, haben sich aber dann bis 2014 auf 48,5 Mrd.
Barrel annähernd verdoppelt (BPB 2016). Auch wenn in einzelnen Förderländern die Produktion wegen steigender Gewinnungskosten (z. B.
Großbritannien, Nigeria) oder politischer Probleme (z. B. Syrien, Venezuela,
Iran) zurückgeht, wird dies durch Fördersteigerungen anderer Produzenten
(z. B. Saudi-Arabien) und das Auftreten neuer Akteure am Markt (z. B.
Angola, Brasilien, Malaysia oder Thailand) mehr als ausgeglichen. Global ist
ein Peak-Oil nicht zu erkennen (Abschn. 6.6).

Grundsätzlich korrelieren die weltweiten Nahrungsmittelpreise und die
Preise für Düngemittelrohstoffe. Eine erhöhte Nachfrage nach Landwirt-
schaftsprodukten zieht einen höheren Bedarf an mineralischen Düngern
nach sich, höhere Aufwendungen für Dünger bedingen höhere Lebens-
mittelpreise. Von Scholz und Wellmer (2013) wurde gerade am Beispiel
des Phosphatmarktes ausführlich dargelegt, dass die Rohstoffverfügbarkeit
dynamisch gesteuert wird und sich nicht mit statischen Ansätzen (Statische
Reichweite; Peak-Szenarien nach Hubbert) beschreiben lässt. In den Jahren
2007 bis 2009 stiegen die Weltmarktpreise für Getreide (Weizen) von
ca. 150 $/t bis auf maximal 439 $/t stark an (Abb. 5.5). Etwas zeitver-
zögert verachtfachten sich die Phosphatpreise von rund 50 $/t bis zu einem

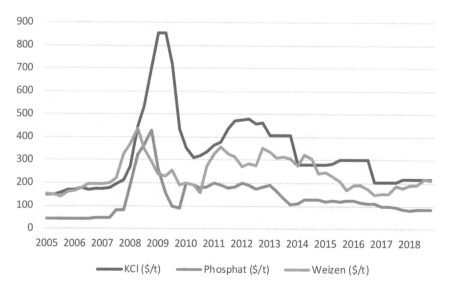

Abb. 5.5 Preisentwicklung für Weizen, Kalisalz und Phosphat (2005–2018; Quartals-
durchschnittswerte) (Datenquelle: indexmundi.com)

kurzfristigen Spitzenwert von 425 $/t im September 2008. Derselbe Trend konnte mit etwa halbjähriger Verzögerung auch bei Kalidünger beobachtet werden, dessen Preis kurzfristig von ca. 150 $/t aus anstieg und mit 872 $/t Kalium-Chlorid (KCl) im Februar 2009 seinen Höchstwert erreichte. Diese Entwicklung ließ ab 2009/2010 allmählich wieder nach, und die Rohstoffpreise (sowohl für Getreide als auch für Düngerohstoffe) fielen, allerdings auf ein höheres Niveau als vor 2007 (BGR 2013). Seit 2017 liegt der Preis für Rohphosphat wieder unter 100 $/t (im März 2020 bei 71,88 $/t) und der Kalipreis nur noch knapp über 200 $. Der Weizenpreis pendelt um die 200-Dollar-Marke.

In der Presse (z. B. Tagesspiegel 2011; Welt 2011) wurde der plötzliche Preissprung für Phosphat als Anlass für alarmistische Interpretationen genommen:

> [...] am Horizont zeichnet sich eine möglicherweise viel dramatischere Krise ab. Eine, die den Erdölschock mit seinen Folgen in den Schatten stellen wird. Noch in dieser Generation droht ein ganz anderer, unbekannter, aber buchstäblich lebenswichtiger Rohstoff knapp zu werden: Phosphor. Es wird alle, Arme wie Reiche, gleichermaßen treffen. Denn für dieses chemische Element gibt es keinen Ersatz wie beim knappen Erdöl. (Welt 2011).

Tatsächlich ging der Preisanstieg des Phosphats nicht auf eine Verknappung der Vorräte oder des Angebots zurück. Die Ursache war im Wesentlichen eine generelle Verunsicherung des Weltmarkts für Nahrungsmittel, die im Zusammenhang mit der internationalen Finanzkrise 2007/2008 entstanden war. Sie nahm pessimistische Prognosen zur generellen wirtschaftlichen Entwicklung, zum Klimawandel, der Energieversorgung sowie zur Fläche des weltweit verfügbaren Ackerlandes auf und führte in Form einer selbsterfüllenden Prophezeiung zu einem spekulativen Nachfrageschub und damit zu stark steigenden Getreidepreisen. Im Gegensatz zur öffentlichen Wahrnehmung stimulierte der konsequente Preisanstieg für Mineraldünger dann eine Ausweitung der Bergbau- und Explorationstätigkeiten. Dadurch hat sich die Vorratsbasis innerhalb von ca. drei Jahren vervierfacht und die auf den heutigen Verbrauch bezogene Versorgungssicherheit (= Statische Reichweite) deutlich verlängert. Betrugen die bekannten Vorräte bis 2009 noch ca. 16 Mrd. t, was einer Statischen Reichweite von 101 Jahren entsprach, stiegen die Vorräte bis 2012 auf 67 Mrd. t, wodurch sich die Statische Reichweite – bei einer von 158 Mio. t/a auf 207 Mio. t/a gestiegenen Förderung – auf deutlich über 300 Jahre verdreifachte (BGR 2013; Röhling 2012) (Abb. 5.6).

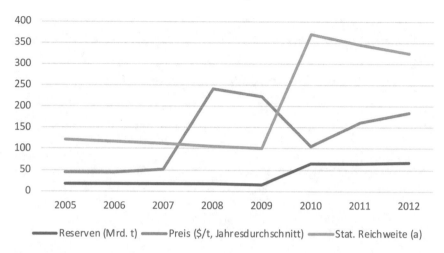

Abb. 5.6 Entwicklung der Reserven und der Statischen Reichweite (in Jahren (a) von Rohphosphat in Abhängigkeit vom Weltmarktpreis 2005–2012 (Abb. 5.5) (Daten nach BGR 2013, ergänzt)

Phosphat lässt sich darüber hinaus zum Beispiel aus Klärschlamm relativ effektiv recyceln. Ähnlich wie bei den Kalisalzen (Abschn. 4.2) ist die Versorgung der Landwirtschaft auch mit Phosphordünger daher langfristig gesichert. Für die Kleinbauern besonders in Entwicklungsländern sind aber schon kleine Preisschwankungen kritisch. Da sie in der Regel über keine Kapitalreserven verfügen, sind sie bei unerwarteten Preissteigerungen nicht mehr in der Lage, den benötigten Mineraldünger zu erwerben, was sie entweder kurzfristig zur Aufgabe der Landwirtschaft zwingt oder mittelfristig zur Auslaugung der ungedüngt bewirtschafteten Böden führt.

Hauptproduzenten von Phosphat sind u. a. China, Marokko, die USA, Russland und Jordanien (Abb. 5.7), Hauptverbraucher von Phosphatdüngemitteln sind China, Indien, die USA, Brasilien und verschiedene andere Schwellenländer.

Alle Prognosen mit dem Ziel, eine *maximale* zeitliche Verfügbarkeit eines Rohstoffs abzuschätzen, bauen letztlich auf aktuell als gesichert betrachteten Vorratsmengen auf, die als statische Größe („endliche Vorräte") betrachtet werden, selbst wenn, wie bei der Club-of-Rome-Studie, eine gewisse Zusatzrate (fünffache Menge) einkalkuliert wird.

In einem „30-Jahre-Update" der Prognosen von 1972 räumen Meadows et al. (2013) zwar ein, dass die Vorräte an Erdgas in dieser Zeit schneller zugenommen hätten als die Förderung und sich auch die Situation der übrigen Rohstoffe günstiger als erwartet entwickelt habe. Gleichwohl

Abb. 5.7   Phosphattagebau Al Hassa in Jordanien (2001)

betonen sie, dass die Menge der Vorräte endlich und nicht erneuerbar sei („the stock of reserves is finite and non-renewable").

Mit der statischen Betrachtungsweise, gesicherte Vorräte (Ressourcen) geteilt durch prognostizierten Verbrauch, wird aber nicht die *maximale* Reichweite der Rohstoffe beschrieben, sondern die unter der angenommenen Entwicklung der Förderraten bzw. Nachfrage gesicherte *minimale* Reichweite! Einmal als gesichert angesehene Vorräte können sich bis zum Abbau nicht mehr vermindern, sondern nur noch durch Neufunde wachsen. Die berechneten Zeiträume würden nur dann das Ende der Rohstoffverfügbarkeit bedeuten, wenn tatsächlich die absolute, maximale Menge der Vorräte bekannt wäre (Kap. 7) und innerhalb des berechneten Versorgungszeitraums keine neuen Vorräte erschlossen würden. Betrachtet man die von Meadows (1972) dargestellten Versorgungszeiträume von 30 und mehr Jahren (Tab. 5.1) richtigerweise als auf die aktuelle Verbrauchsschätzung bezogene Mindestversorgungszeiträume, passen sie sich gut in das allgemeine Bild ein, nach dem generell eine gesicherte Rohstoffbasis für mindestens 30 Jahre gegeben ist und als ausreichend betrachtet wird.

5.2 Einflüsse auf die Vorratssituation

Da die Frage der Bauwürdigkeit eines Rohstoffvorkommens – wie bereits dargestellt – eine von wirtschaftlichen, gegebenenfalls auch politischen Faktoren abhängige dynamische Größe ist, ist der statische Ansatz zur Ermittlung der Reichweite von Rohstoffen irreführend. Durch steigende oder fallende Rohstoffpreise verschieben sich die Bauwürdigkeitsgrenzen und damit auch die Menge der zur Verfügung stehenden, wirtschaftlich gewinnbaren Rohstoffe. Die verfügbaren Vorratsmengen (Ressourcen und Reserven) sind immer nur die unter bestimmten technischen und wirtschaftlichen Rahmenbedingungen als gewinnbar betrachteten Lagerstätteninhalte. Verändern sich diese Bedingungen, kommt es auch zu einer Neudefinition der Vorratsmengen. Viele der definierenden Faktoren für die zukünftige globale oder regionale Entwicklung lassen sich aber nicht längerfristig abschätzen (Rempe 2010):

- die konventionell abbauwürdigen Ressourcen
- die unkonventionell abbauwürdigen Ressourcen
- die bislang unzugänglichen Ressourcen
- noch nicht erfundene oder entwickelte Technologien (dies bezieht sich sowohl auf neue Gewinnungstechniken als auch generell auf neue Technologien, aus denen sich neuartige Materialanforderungen ergeben)

Die Variabilität dieser Faktoren, die für das Angebot und die Nachfrage von Rohstoffen essentiell sind, sollen nachfolgend anhand von Beispielen erläutert werden.

5.2.1 Können noch unbekannte konventionelle Lagerstätten entdeckt werden?

Die riesigen *Eisenerzvorkommen* der Pilbara-Region in Westaustralien (Abb. 5.8) wurden erst zwischen 1960 und 1968 erschlossen. Ironischerweise bestand bis dahin in Australien ein Ausfuhrverbot für Eisenerz, da man einen Mangel an Eisenerz im Lande befürchtete.

Die ähnlichen Lagerstätten von Carajás in Brasilien mit Vorräten von über 17 Mrd. t Eisenerz mit einem Fe-Gehalt von 65–67 % wurden sogar erst 1967 entdeckt, angeblich rein zufällig, weil ein Hubschrauber dort notlanden musste. Die australischen und brasilianischen Eisenerzbergwerke liefern heute (zusammen mit der Förderung Chinas, die aber im eigenen

Abb. 5.8 Eisenerztagebau bei Tom Price, Pilbara-Region, Westaustralien

Land verbraucht wird) mehr als 75 % der Weltförderung. Zum Zeitpunkt der Abfassung der Club-of-Rome-Studie wurden diese größten Eisenerz-Lagerstättenbezirke der Welt gerade erst erschlossen und wurden in der Studie noch nicht berücksichtigt.

Die Eisenerzförderung auf der Welt vervierfachte sich von 1970 bis heute von ca. 770 Mio. t/a auf 3,3 Mrd. t/a (Institute of Mining Statistics 1978; British Geological Survey 2019). Sie wuchs deutlich schneller als die Weltbevölkerung, die sich in diesem Zeitraum von 3,7 Mrd. Menschen auf knapp 8 Mrd. verdoppelte. Trotzdem haben sich in derselben Zeit die Vorräte von ca. 100 Mrd. t auf 170 Mrd. t gesteigert (Meadows 1972; USGS 2019). Obwohl sich das Verhältnis von Vorräten zu Produktion deutlich verringert hat, ist weiterhin eine Versorgungssicherheit von über 50 Jahren gewährleistet. Diese Entwicklung hat zur Folge, dass auch große Armerzlagerstätten, wie sie z. B. in Deutschland im Salzgittergebiet und dem benachbarten Gifhorner Trog (Schachtanlage Konrad) bis 1976 erfolgreich abgebaut wurden, vollständig abgeschrieben werden mussten. Die dort nachgewiesenen Vorräte von ca. 4 Mrd. t technisch gewinnbaren Eisenerzes mit einem Fe-Gehalt von 30 % sind zwar noch vorhanden, tauchen aber heute in keiner Vorratsbilanz mehr auf. Noch in den 1960er Jahren wurde in Schwaförden südlich von Bremen mit dem Aufschluss der Lagerstätte Staffhorst begonnen, in der rund 500 Mio. t Eisenerz mit einem Fe-Gehalt von 35–40 % nachgewiesen wurden. Nachdem von 1961 bis 1964 ein 1030 m (!) tiefer Schacht niedergebracht wurde, musste das Projekt wegen des Verfalls der Weltmarktpreise aufgegeben werden (Slotta 1986).

Die *Energieversorgung Israels* war bis 2004 praktisch vollständig auf den Import von Kohle, Erdöl und Erdgas angewiesen. Erdgas wurde bis 2012 aus Ägypten geliefert. Nach der Entdeckung und Erschließung von mehreren sehr großen Erdgasfeldern im Mittelmeer vor der israelischen Küste ab 2004 wurde Israel 2013 vom Erdgasimport unabhängig und exportiert seit 2017 Erdgas nach Jordanien. Eine Wiederaufnahme der Gashandelsbeziehungen mit Ägypten wird diskutiert, wobei nun Israel Erdgas nach Ägypten liefern soll (Israelnetz 2018). Auch Zypern, Libanon und Gaza haben Anteil an den neu entdeckten Erdgasvorkommen im Levante-Becken (Abb. 5.9). Die Vorkommen im Feld Tamar werden auf 223 km^3 förderbaren Gases geschätzt, die im Feld Leviathan auf 620 km^3 (Noble Energy 2009, 2019). Sie sind so groß, dass von Israel, Zypern und Griechenland ein Pipelinebau vom Levante-Becken nach Europa erwogen wird (EastMed-Pipeline), was aber auf den politischen Widerstand der Türkei und Russlands stößt, die eine Konkurrenz zu ihren Versorgungswegen nach Südosteuropa fürchten.

5.2.2 Welche Bedeutung haben unkonventionelle Lagerstätten?

Aus unkonventionellen Lagerstätten lassen sich die Wertstoffe mit herkömmlichen Bergbautechniken nicht gewinnen. Um sie zu erschließen, sind neuartige, an den Lagerstättentyp angepasste Erkundungs-, Gewinnungs- und/oder Aufbereitungsverfahren zu entwickeln.

Für die extrem feinverteilten und geringhaltigen Uranerze der Lagerstätte Königstein im Elbsandsteingebirge wurde in der DDR eine *Laugungstechnik* entwickelt, bei der das erzführende Gestein mittels Sprengungen wasserdurchlässig gemacht und dann der Urangehalt durch durchsickernde Schwefelsäure mobilisiert wurde. Andere unkonventionelle Verfahren zur Erzgewinnung greifen auf mikrobielle Laugungstechniken zurück, bei denen Schwefelbakterien feinverteilte sulfidische Erze in lösliche Formen umwandeln. Etwa 15 % der Kupfererze der Welt werden heute bereits mit mikrobiellen Verfahren abgebaut.

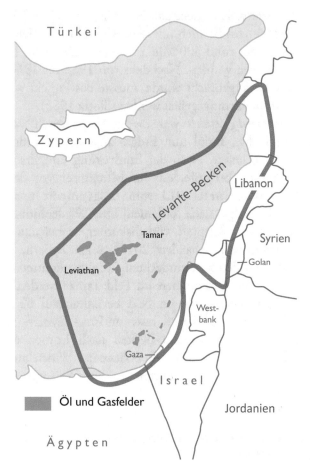

Abb. 5.9 Erdgasfelder im Levante-Becken vor der israelischen Küste (Entwurf: K. Schüppel)

Die sogenannten unkonventionellen Kohlenwasserstofflagerstätten befinden sich in Gesteinen extrem geringer Durchlässigkeiten für Flüssigkeiten oder Gase. Die Erschließung dieser Lagerstätten setzte die Entwicklung des Verfahrens der *hydraulischen Stimulation* (Fracking) voraus, wodurch es möglich wurde, in den ansonsten undurchlässigen Gesteinen Fließwege für Öl oder Gas zu schaffen. Zugleich war eine neue Bohrtechnik notwendig, die es erlaubt, die höffigen Schichten über große Längen horizontal zu durchbohren (Abb. 5.10).

Die Erschließung der sogenannten unkonventionellen Kohlenwasserstofflagerstätten (Schiefergas und Flözgas bzw. -öl) vor allem in den USA und Australien

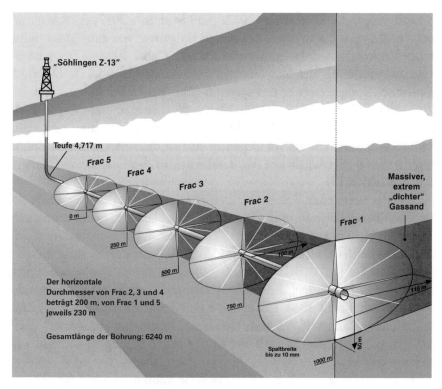

Abb. 5.10   Frack-Bohrung Söhlingen Z-13 (Niedersachsen) (Wrede 2016, mit freundlicher Genehmigung Geologischer Dienst NRW)

hat zu einem völligen Paradigmenwechsel auf dem Weltmarkt geführt (Wrede 2016). Die USA sind zeitweilig zum größten Erdölproduzenten weltweit aufgestiegen, Australien exportiert große Mengen Flüssiggas nach China. Die großen Erfolge der Frack-Technik, die mittlerweile an mehreren Millionen (!) Erdöl- und Erdgasbohrungen angewandt wurde (King 2012), haben schnell zu kostensenkenden Verbesserungen der Bohr- und Fördertechnik geführt, so dass auch weniger ergiebige Lagerstätten mit dieser ursprünglich sehr aufwändigen Technik erschlossen werden können. Die vielfach befürchteten negativen Umweltauswirkungen der Frack-Technik, besonders in Hinblick auf mögliche Grundwasserkontaminationen, sind dabei ausgeblieben. Das Überangebot an Erdöl führte zu einer Verlängerung der Erdölkonstanten, einer gesicherten Förderung von 30 bis 40 Jahren um etwa zehn Jahre. In der Folge wurde vor allem die Erdölexploration seit 2014 weltweit zurückgefahren, so dass gegenwärtig die Vorratszahlen für Erdöl langsamer wachsen als die Förderung (BGR 2019; Abschn. 6.6).

Trotz steigender Förderung (2012: 3,39 Mrd. m^3; 2017: 3,78 Mrd. m^3) nehmen dagegen die weltweit bekannten Erdgasreserven auf Grund immer neuer Explorationserfolge kontinuierlich zu. Dabei ist der Zuwachs der Reserven größer als der Zuwachs des Verbrauchs (Abb. 5.11). Die nachgewiesenen Erdgasreserven betrugen im Jahr 2012 196 Bill. m^3, im Jahr 2017 199 Bill. m^3 (BGR 2009, 2018). Sie betragen das 56-Fache der aktuellen Jahresförderung. Eine „Peak-Gas-Situation" zeichnet sich daher auch nicht ansatzweise ab. Im Gegenteil suchen die amerikanischen Erdgasproduzenten nach zusätzlichen Absatzmärkten für den Export von Flüssiggas (Fleckenstein 2019).

Trotz der politischen Krisen in vielen Förderregionen der Welt ergibt sich für die Energierohstoffe auf Grund der Erschließung unkonventioneller Lagerstätten „eine aus geologischer Sicht komfortable Situation, denn der projizierte Bedarf umfasst nur einen kleinen Teil der derzeit ausgewiesenen Rohstoffvorräte […]" (BGR 2014, S. 49). „Aus rohstoffgeologischer Sicht können die bekannten Energierohstoffvorräte auch einen steigenden globalen Bedarf bei Erdgas, Kohle und Kernbrennstoffen decken. […] Erdöl ist der einzige Rohstoff, bei dem sich eine Limitierung abzeichnet" (BGR 2017, S. 10). Allerdings ist auch hier eine Mindest-Versorgungssicherheit für 50 Jahre gegeben.

Die Entwicklungen auf dem Energiesektor müssen auch vor dem Hintergrund politischer Entscheidungen vor allem in den USA gesehen werden. Verließen sich die Vereinigten Staaten bis dahin darauf, ihre Ölversorgung

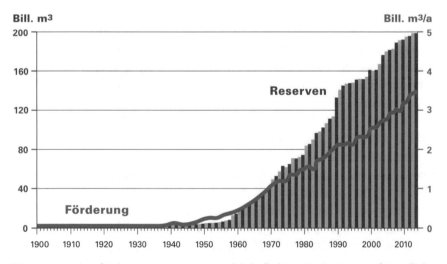

Abb. 5.11 Erdgasförderung und -vorräte (global) (Wrede 2016, mit freundlicher Genehmigung Geologischer Dienst NRW)

aus dem Mittleren Osten und anderen Ländern sichern zu können, führten die Terroranschläge vom 11. September 2001 hier zu einem Umdenken. Ziel aller US-Regierungen seitdem ist es, bezüglich der Energieversorgung autark zu werden und sich so die Möglichkeit zum Rückzug aus den politischen und zum Teil auch militärischen Verwicklungen des Mittleren Ostens zu eröffnen. Vor allem durch die Regierung von Präsident Bush jr. erfolgte eine massive Förderung der Frack-Technik, die letztlich zum angestrebten Ziel der Energieautarkie der USA führte. Auch unter Präsident Obama stieg die Kohlenwasserstoffförderung deutlich weiter an, obwohl die Regierung den Einsatz regenerativer Energien favorisierte. Ein wesentlicher Effekt dieser Entwicklung ist, dass durch das nunmehr preisgünstig zur Stromerzeugung zur Verfügung stehende Erdgas die Kohleproduktion der USA rückläufig wurde. Dies führte zu einer deutlichen Reduktion des CO_2-Ausstoßes um rund 25 % (Abb. 5.12).

Die Entwicklungen auf dem Erdgassektor dürfen nicht allein unter dem Aspekt der elektrischen Energieversorgung gesehen werden. Von den insgesamt ca. 85 Mrd. m^3 Erdgas, die jährlich in Deutschland verbraucht werden, werden nur etwa 13 % zur Stromerzeugung genutzt, und 4,5 % zur Erzeugung von Fernwärme. Rund 14 % des Erdgases dienen dagegen als Rohstoff in der chemischen Industrie und 27 % werden in der Industrie als Brennstoff für Prozesswärme eingesetzt (z. B. in der Zementindustrie), 28 % in den Privathaushalten zum Heizen und Kochen verwendet und rund 13,5 % in Gewerbebetrieben verbraucht (z. B. Gärtnereien) (Abb. 5.13). Andere Verwendungen (z. B. als Fahrzeugtreibstoff) spielen bislang mengenmäßig keine große Rolle. Eine Fokussierung der Bedarfsschätzungen allein oder vorwiegend auf den Aspekt der Elektrizitätserzeugung wird diesen Tatsachen nicht gerecht, vielmehr muss auch der Aspekt der nichtenergetischen Erdgasnutzung und der unmittelbaren Nutzung des Gases für Prozesswärme ausreichend berücksichtigt werden (Wrede 2016).

Im Bereich der Versorgung von Privathaushalten mit Heizenergie ist heute die Geothermie – und damit eine weitere Georessource – eine gängige und konkurrenzfähige Alternative zu den fossilen Energieträgern (Abschn. 6.4). Allerdings begrenzen die hohen Strompreise die Wirtschaftlichkeit des dafür notwendigen Einsatzes von Wärmepumpen. Ein Ersatz des Erdgases für Prozesswärme in der Industrie durch erneuerbare Energieträger (z. B. durch Geothermie, elektrischen Strom) erscheint in absehbarer Zeit aber nur in begrenztem Maße realistisch. Erdgas als Chemierohstoff ist (kostenmäßig) praktisch ohne Alternative und könnte lediglich durch Erdöl oder Biomethan ersetzt werden.

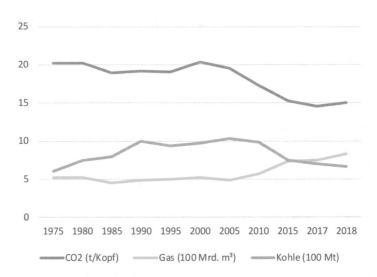

Abb. 5.12 Förderung von Steinkohle und Erdgas sowie CO_2-Emissionen pro Kopf der Bevölkerung in den USA (1970–2018) (Datenquelle: International Energy Agency IEA)

5.2.3 Welche Bedeutung haben neue Gewinnungstechniken?

Bei der konventionellen *Erdölförderung* steigt im Idealfall das Erdöl auf Grund des natürlichen Lagerstättendrucks von selbst in den Förderbohrungen auf (Abb. 5.14). Lässt der Druck nach, wird das Öl abgepumpt (Abb. 5.15).

Bei diesen *primären Fördertechniken* kann je nach Beschaffenheit des Öls und des Trägergesteins eine Ausbeute von meist nur weniger als 20 % des Lagerstätteninhalts *(Oil in Place)* gewonnen werden.

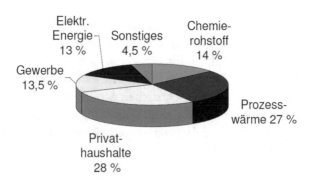

Abb. 5.13 Verwendung von Erdgas in Deutschland

Durch die Einführung sogenannter *sekundärer Fördertechniken*, wie des Einpressens von Wasser oder überschüssigem Gas in die Lagerstätte, wird dort der Druck stabil gehalten oder sogar erhöht. Hierdurch lässt sich die Ausbeute auf 30–40 % des Lagerstätteninhalts steigern. Die Ausbeute in einem Feld wird also annähernd verdoppelt.

Sogenannte *tertiäre Fördertechniken* haben meist eine Verringerung der Viskosität des Öls zum Ziel, d. h., es soll dünnflüssiger und damit besser förderbar werden. Dies kann z. B. durch eine Temperaturerhöhung mittels Einpressens von Heißdampf oder durch die Zugabe von Tensiden erreicht werden. Auch die Zugabe von Kohlendioxid oder anderen Reagenzien erhöht den Faktor der Entölung, der heute 50–70 % des Lagerstätteninhalts erreichen kann.

Allein die Verbesserung der Fördertechniken kann also zur dreifachen Menge des gewinnbaren Erdöls in einer Lagerstätte führen.

Abb. 5.14 Unter extrem hohem natürlichen Lagerstättendruck ausgebrochene Erdölbohrung, Lakeview Gusher Number One, Maricopa, Kalifornien, 1910

Abb. 5.15 Pferdekopfpumpe zur Erdölförderung, Bakersfield, Kalifornien

Analoge Entwicklungen hat es auch bei anderen Lagerstätten-typen gegeben. Die Erschließung und Gewinnung der schon genannten unkonventionellen Lagerstätten basieren im Regelfall ebenfalls auf der Entwicklung neuartiger, an den Lagerstättentyp angepasster Gewinnungs-techniken.

5.2.4 Was ist das bislang unzugängliche Inventar?

Große Gebiete der Erde sind auch heute noch unerforscht: weite Teile des *Meeresbodens* oder die vom Inlandeis *Grönlands* oder der *Antarktis* bedeckten Kontinentalgebiete. Dass die dortigen, in ihrem Umfang noch weitest-gehend unbekannten Potenziale schon heute Interesse wecken, obwohl es völlig offen ist, ob sie jemals dem Menschen zugänglich werden, hat unter anderem der Vorstoß des US-Präsidenten Trump zum Erwerb Grönlands von Dänemark im Jahr 2019 gezeigt.

Durch den 1961 in Kraft getretenen Antarktis-Vertrag verpflichten sich die Signatarstaaten, die Antarktis ausschließlich für friedliche und wissenschaftliche Zwecke zu nutzen und das ökologische Gleichgewicht des Gebiets zu bewahren. Als Ergänzung des Antarktis-Vertrags wurde 1981 eine Konvention über die Nutzung der mineralischen Ressourcen in der Antarktis (Convention on the Regulation of Antarctic Mineral Resource Activities, CRAMRA) erarbeitet und beschlossen. Dieses Abkommen ist jedoch nicht in Kraft getreten, sondern wurde vom 1991 in Kraft getretenen Umweltschutzprotokoll zum Antarktis-Vertrag (Protocol on Environmental Protection to the Antarctic Treaty) überlagert. Es umfasst Regelungen für umweltgerechtes Verhalten in der Antarktis und beinhaltet ein generelles Verbot von Bergbauaktivitäten. Die Bestimmungen können erst nach 50 Jahren auf einer Revisionskonferenz aufgehoben werden.

Die seit den 1970er Jahren betriebene Suche nach Rohstoffvorkommen am Meeresboden hat zwar zum Nachweis von Mineralvorkommen geführt. Hierzu zählen z. B. die Manganknollen, die in ca. 5000 m Tiefe vorkommen (Abb. 5.16), kobalthaltige Mineralkrusten und Sulfiderze, die aus heißen Fluiden der sogenannten Black Smoker abgeschieden werden (Petersen 2016). Abgesehen von der Erschließung von Offshore-Öl- und -Gaslagerstätten werden die in Relation zu den Vorratsmengen sehr hohen Kosten und die kaum abschätzbaren ökologischen Auswirkungen eines Meeresbergbaus in der absehbaren Zukunft aber eine kommerzielle Nutzung verhindern.

Vorstellungen einer kommerziellen Nutzung von Rohstoffen, die auf *Weltraumkörpern* wie Asteroiden zweifellos vorhanden sind, werden immer wieder von der Presse diskutiert (z. B. Welt 2015; Focus 2019). Sie dürften wegen der damit verbundenen Kosten völlig utopisch sein. Unter dem für einen Weltraumbergbau erforderlichen Aufwand lassen sich auch auf der Erde hinreichend große Mengen praktisch jeden Rohstoffs gewinnen (Kap. 7).

Sollten sich tatsächlich große Mengen von Wertmetallen extraterrestrisch gewinnen und zur Erde schaffen lassen, hätte dies einen Preisverfall für die entsprechenden Rohstoffe zur Folge, der dann den Unternehmen ebenfalls die wirtschaftliche Basis entziehen dürfte.

Abb. 5.16 Tiefsee-Manganknollen (Raster 0,5 cm)

Der Weltraumvertrag der UNO von 1967 erklärt den Weltraum – ähnlich wie die Antarktis – zum gemeinsamen Erbe der Menschheit, an dem sich kein Land die Rechte an Himmelskörpern sichern darf. Er lässt aber die zivile Nutzung des Weltraums und die Forschung offen. Zu einer möglichen Rohstoffgewinnung im Weltraum macht der Vertrag keine expliziten Aussagen. Einige Staaten haben aber mittlerweile Weltraumgesetze erlassen, die einen rechtlichen Rahmen zur Nutzung des Weltraums schaffen sollen. Die USA verabschiedeten 2015 den „Space Resource Exploration and Utilization Act", der es US-Bürgern erlaubt, Lagerstätten auf Asteroiden auszubeuten. In Europa hat als erstes Land das Großherzogtum Luxemburg 2017 ein „Gesetz über die Erforschung und Nutzung von Weltraum-Ressourcen" verabschiedet. In Deutschland wird der Erlass eines entsprechenden Gesetzes eher zurückhaltend diskutiert (ZDF 2018).

5.2.5 Wie wird sich die Nachfrage nach bestimmten Rohstoffen entwickeln?

Generell lässt sich die *technische Entwicklung* nicht vorhersagen und damit auch nicht, welche Rohstoffe zukünftig in welchen Mengen benötigt werden.

Der Aufschwung der Elektronik- und Nachrichtentechnik, der aktuell zu einer starken Nachfrage nach Sondermetallen wie Niob, Tantal oder den Seltenen Erden geführt hat, war bis vor wenigen Jahren überhaupt nicht absehbar. Ähnlich ist es mit der Nachfrage nach *Kobalt* und *Lithium* für Stromspeicher im Zusammenhang mit dem angestrebten Ausbau der Elektromobilität.

Die starke Nachfrage nach diesen Rohstoffen führte zunächst zu einem erheblichen Preisanstieg. Der Preis für Lithiumkarbonat pendelte bis 2005 um ca. 1600 $/t. Bis 2018 verzehnfachte sich der Preis auf einen Wert von 16.500 $/t Lithiumkarbonat.

In der Folge wurde die Exploration weltweit stark ausgeweitet. So haben sich die Explorationsausgaben für Lithium allein von 2016 bis 2017 weltweit verdoppelt (BGR 2018, S. 21). Auch in Deutschland, im Erzgebirge, werden gegenwärtig Lithiumvorkommen erkundet.

Momentan wird der Welt-Lithiummarkt von Chile und Australien beherrscht. Zusammen liefern sie ca. 80 % der weltweiten Förderung. Bis zum Jahr 2025 werden weitere große Produzenten z. B. in Argentinien und Kanada, möglicherweise auch in Bolivien, hinzutreten. Innovationen in der Aufbereitungstechnik könnten die Gewinnung weiterer Lagerstättentypen lukrativ werden lassen.

Als Folge dieser zusätzlichen Aktivitäten ist der Lithiumpreis seit 2018 bereits wieder deutlich gefallen und liegt aktuell (Mai 2020) nur noch bei ca. 6200 $/t (Abb. 5.17). Auf der Grundlage der vorhandenen oder gegenwärtig in der Realisierung befindlichen Bergbauprojekte ist bereits für das Jahr 2025 ein Angebotsüberschuss mit entsprechenden Auswirkungen auf die Preise zu erwarten (Schmidt 2017).

Darüber hinaus wird bereits intensiv an Alternativen zur Lithium-Ionen-Batterie geforscht, so z. B. an Akkumulatoren auf Basis von Calcium- oder Magnesiumionen (Li et al. 2019; Fichtner 2019). Es ist daher nicht auszuschließen, dass die Nachfrage nach Lithium in absehbarer Zukunft auf Grund neuer technischer Entwicklungen wieder einbricht.

Einen ähnlichen Verlauf wie die Lithiumpreise zeigt auch die Preisentwicklung für Kobalt. Auch hier ist von 2015 bis 2018 ein starker Anstieg der Preise zu verzeichnen, die seitdem wieder deutlich zurückgehen (Abb. 5.17).

Ganz aktuell werden die in Klärteichen deponierten Aufbereitungsschlämme des 1988 stillgelegten Erzbergwerks Rammelsberg in Goslar wieder als Rohstoffquelle gesehen. Hier lagern unter anderem große Mengen von Seltenmetallen wie *Indium* und *Gallium*, für die es früher keinen hinreichenden Bedarf gab, die aber im komplex zusammengesetzten Rammelsberger Blei-Zinkerz zwangsläufig mit abgebaut wurden. Wegen des Bedarfs in der Elektronikindustrie ist die Nachfrage nach diesen Metallen aktuell so stark gestiegen, dass die Zweitverwertung der Aufbereitungsabgänge wirtschaftlich werden könnte (Römer et al. 2018).

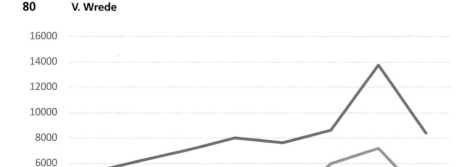

Abb. 5.17 Preisentwicklung für Lithium (Li) und Kobalt (Co) (2012–2019; Jahres-durchschnittswerte)

Ähnliche plötzliche oder überraschende Veränderungen bei der Nachfrage nach Rohstoffen sind in der Geschichte immer wieder aufgetreten:

- Auf den plötzlichen Bedeutungsgewinn der zuvor als Abraumsalze bezeichneten *Kali- und Magnesiumsalze* als Düngemittel in der zweiten Hälfte des 19. Jahrhunderts wurde bereits hingewiesen.
- *Uranerz* war bis in die erste Hälfte des 20. Jahrhunderts ein Abfall- und Nischenprodukt des Erzbergbaus im Erzgebirge, das lediglich in sehr geringen Mengen als Färbemittel in der böhmischen Porzellan- und Glasindustrie Verwendung fand (Beythien und Dreßler 1920, S. 463). In der zweiten Hälfte des 20. Jahrhunderts wurde es dann zur weltweit gesuchten Grundlage des Atomzeitalters.
- In verschiedenen Steinkohlezechen des Ruhrgebiets, vor allem dem Hörder Kohlenwerk in Dortmund, wurden im 18. und 19. Jahrhundert Vertaubungen der Kohleflöze durch ein schwarzbraunes Gestein beobachtet, das als Abraum auf Halde geworfen wurde. Im Jahr 1851 brach dann ein regelrechter Boom des Eisenerzbergbaus aus, als der kurfürstlich-hessische Bergassessor Schreiber nach einer Studienreise, die ihn nach Großbritannien geführt hatte, entdeckte, dass es sich hierbei in Wahrheit um ein wertvolles Eisenerz handelte. In Großbritannien wurde der dort als „Blackband" bezeichnete *Kohleneisenstein* bereits seit Längerem abgebaut und verhüttet. Die Eisengehalte sind stark

schwankend; sie lagen im Fördererz meist zwischen 25 und 40 %. Zeitweilig förderten rund 50 Gruben vor allem im Raum Dortmund, Haßlinghausen, Bochum-Hattingen und Essen-Werden ausschließlich Eisenstein oder zugleich Eisenstein und Kohle. Gleichzeitig entstanden mehrere neue Hüttenwerke, so dass nun das gemeinsame Vorkommen der beiden Hauptrohstoffe, nämlich Eisenerz und Kohle, auf einer Lagerstätte die Entwicklung der Montanindustrie im Ruhrrevier vorantrieb. Veränderungen in der Hüttentechnik, bei denen sich die relativ hohen Phosphorgehalte des Kohleneisensteins nachteilig auswirkten, vor allem aber die raschen Verbesserungen der Verkehrsverhältnisse, die der Ausbau des Eisenbahnnetzes mit sich brachte, führten aber schon bald wieder zum Niedergang des Eisenerzbergbaus an der Ruhr. Die meist kleinen Gruben konnten der Konkurrenz vor allem der lothringischen Erze nicht mehr standhalten, die den Hüttenwerken besonders nach dem für Deutschland siegreichen Deutsch-Französischen Krieg 1871 kostengünstig zur Verfügung standen (Slotta 1986; Wrede 2006).

• *Zinkblende,* das wichtigste Zinkmineral, wurde von den Bergleuten im Mittelalter so benannt, weil es sie „blendete", im Sinne von „täuschen" (Lüschen 1979). Auch der wissenschaftliche Name „Sphalerit" nimmt darauf Bezug: Er leitet sich vom griechischen *sphaleros* für „betrügerisch" ab. Das Erz ließ sich nämlich mit den damals gängigen Verfahren nicht verhütten. Es war allerdings möglich, aus karbonatischem Zinkerz (Galmei) und Kupfer Messing als Kupfer-Zink-Legierung herzustellen. Auch wenn Messing schon seit der Antike bekannt war, wurde die gezielte Nutzung von Galmeierz erst spät etabliert. Nach Honemann (1754, S. Tl. II, 119) wurde ein Verfahren hierzu angeblich erst in den 1550er Jahren vom Nürnberger Erasmus Ebener entwickelt, was nach Honemanns Darstellung dazu führte, dass alte Halden, auf die Galmeierz verkippt worden war, wieder aufgewältigt wurden. Für die Herstellung von Zinkmetall aus Zinkblende wurden aber erst im 19. Jahrhundert praktikable Verhüttungsverfahren entwickelt (Grothe und Feiser 1975). Für das damals „neue" Metall ergaben sich rasch vielfältige Anwendungsmöglichkeiten vom Korrosionsschutz bis zur Batterietechnik. Zinkblende wurde wertvoll, und zum Teil wurden die alten Bergbauhalden wieder rückgewonnen, um das vorher als nutzlos verworfene Erz zu verwerten. Im Zinkerzbergwerk Lautenthal im Harz machte die Erzförderung aus der Haldenrückgewinnung in den 1920er Jahren mit maximal ca. 25.000 t/a bis zu 40 % der Gesamtförderung aus, überstieg in den 1930er Jahren die Roherzförderung des regulären Bergbaus und erreichte nach der Einstellung des regulären Bergbaus während des Rohstoffbooms der 1950er Jahre mit ca. 74.000 t im Jahr 1954 einen Spitzenwert. Der Haldenabbau wurde erst 1976 nach fast vollständigem Abbau der erz-führenden Halden eingestellt (Stedingk 2002; Weinreich 2002).

- Die Politikergeneration der 1950er Jahre schuf aus der Erfahrung der langen Konflikte vor allem zwischen Deutschland und Frankreich um die lothringischen *Eisenerze* und die *Kohle* des Saarlandes mit der „Montan-union", der Europäischen Gemeinschaft für Kohle und Stahl, die Grund-lage für das europäische Einigungswerk – die motivierenden Rohstoffe Kohle und Eisenerz spielen aber heute im Verhältnis zwischen den europäischen Staaten überhaupt keine Rolle mehr.

- *Kiesvorkommen* und *Kalkmergelsteine* waren vor dem Ende des 19. Jahr-hunderts wirtschaftlich völlig bedeutungslos. Erst als sich der von Joseph Monier 1867 in Frankreich erfundene Eisenbetonbau durchsetzte, begannen die Kiesgewinnung und der Abbau von Zementrohstoffen im großen Stil. Heute zählen diese Bodenschätze zu den wichtigsten Massen-rohstoffen, und sind für die Bauwirtschaft unverzichtbar.

- In der ersten Hälfte des 19. Jahrhunderts entwickelte sich im Münster-land ein eigenartiges Bergbaugebiet. Die gerade neu entstehende Zuckerindustrie benötigte für einen bestimmten Produktionsprozess Strontiumkarbonat. Diese chemische Verbindung tritt in Form des Minerals *Strontianit* in zahlreichen kleinen Erzgängen in den Schichten der Oberkreidezeit im Gebiet zwischen Hamm und Münster auf. Hier entstanden in ganz kurzer Zeit Dutzende kleine und kleinste, aber auch einige größere Bergwerke, in denen dieses seltene Mineral gefördert wurde. Als die Zuckerindustrie am Anfang des 20. Jahrhunderts ihre Produktionsprozesse änderte, brach die Nachfrage nach Strontianit ein, und das Bergbaugebiet, das zeitweilig bis zu 2000 Menschen beschäftigte, verschwand genauso schnell, wie es entstanden war (Geising 1995).

Zusammenfassend ist festzustellen, dass sich weder auf der Nachfrageseite (technologische Entwicklung) noch auf der Angebotsseite (neue Lager-stätten oder verbesserte Fördertechniken) die definierenden Faktoren für die zukünftige globale oder regionale wirtschaftliche Entwicklung der Roh-stoffmärkte längerfristig abschätzen lassen. Kurzfristige Änderungen dieser Faktoren bedingen kurzfristige Schwankungen der Rohstoffpreise.

Es ist offensichtlich nicht möglich, verbindliche Aussagen über die letztlich vom Preis her definierte Größe der vorhandenen, wirtschaftlich nutzbaren Rohstoffpotenziale zu machen, die über die Angabe der heute durch Exploration für einen Zeitraum von meist mindestens 30 Jahren gesicherten Vorratsmengen hinausgehen. Noch weniger lässt sich der zukünftige Bedarf langfristig prognostizieren. Wegen dieser in der Voraus-schau unlösbaren Fragen sind Prognosen über die Reichweite von Roh-stoffen über Zeiträume von mehr als 30 Jahren grundsätzlich mit hohen Unsicherheiten behaftet und haben sich in der Vergangenheit ganz über-wiegend als zu pessimistisch erwiesen (Rempe 2010).

Literatur

ASPO (Association for the Study of Peak-Oil and Gas) Deutschland. (2007). Home-page; Ottobrunn. https://aspo-deutschland.blogspot.de/p/aspo-deutschland-ev. html. Zugegriffen: 26. Aug. 2019.

Beythien, A. & Dreßler, E. (Hrsg.) (1920): *Merck´s Warenlexikon für Handel, Industrie und Gewerbe,* – (7. Aufl.) 555 S.; Leipzig.

BGR (Bundesanstalt für Geowissenschaften und Rohstoffe). (2013). *Phosphat – Mineralischer Rohstoff und unverzichtbarer Nährstoff für die Ernährungssicherheit weltweit.* (S. 33). Hannover: BGR.

BGR (Bundesanstalt für Geowissenschaften und Rohstoffe). (2014). *Energiestudie 2014 – Reserven, Ressourcen und Verfügbarkeit von Energierohstoffen.* 132 S. Hannover: BGR.

BGR (Bundesanstalt für Geowissenschaften und Rohstoffe). (2017). *BGR Energie-studie 2017. Daten und Entwicklungen der deutschen und globalen Energiever-sorgung.* 184 S. Hannover: BGR.

BGR (Bundesanstalt für Geowissenschaften und Rohstoffe). (2018). *Deutschland – Rohstoffsituation 2017.* 190 S. Hannover: BGR.

BGR (Bundesanstalt für Geowissenschaften und Rohstoffe). (2019). *Rohstoffverfügbar-keit.* https://www.bgr.bund.de/DE/Themen/Min_rohstoffe/Rohstoffverfuegbarkeit/ rohstoffverfuegbarkeit_node.html. Zugegriffen: 17. Aug. 2019.

BPB (Bundesanstalt für Politische Bildung). (2016). Peak-oil. https://www.bpb.de/ nachschlagen/zahlen-und-fakten/globalisierung/52761/peak-oil. Zugegriffen: 21. Aug. 2019.

BP. (2018). Statistical review of world energy. https://www.bp.com/en/global/ corporate/energy-economics/statistical-review-of-world-energy/oil.html. html#oil-reserves. Zugegriffen: 2. Okt. 2019.

British Geological Survey. (2019). *World mineral production 2013–2017.* 100 S. Nottingham: British Geological Survey.

Campbell, C. J., & Laherrere, J. H. (1998). The end of cheap oil. *Scientific American, March,* 78–84.

Der Tagesspiegel. (2011). Wachstumsbeschleuniger Phosphor lässt Pflanzen sprießen, aber der Stoff wird knapp. https://www.tagesspiegel.de/wissen/ wachstumsbeschleuniger-phosphor-laesst-pflanzen-spriessen-aber-der-stoff-wird-knapp-/5753396.html. Zugegriffen: 27. Dez. 2019.

Fichtner, M. (Hrsg.). (2019). *Magnesium batteries: Research and applications.* 337 S. London: Royal Society of Chemistry.

Fleckenstein, M. (2019). Eine Industrie im Umbruch – Stimmungsbild von der Annual Convention der American Association of Petroleum Geologists (AAPG). *Gmit, 78,* 22–24.

Focus. (2019). Der 700-Trillionen-Euro-Plan. Wie die Industrie das All ausbeuten will. https://www.focus.de/wissen/weltraum/odenwalds_universum/rohstoffe-im-weltraum-so-will-die-industrie-das-all-ausbeuten_id_9288902.html. Zugegriffen: 4. Dez. 2019.

Geising, M. (1995). Der Strontianitbergbau im Münsterland. *Quellen und Forschungen zur Geschichte des Kreises Warendorf, 28,* 647.

Gorelick, S. M. (2010). *Oil panic and the global crisis. – Predictions and myths.* 241 S. Chichester: Wiley.

Grothe, H. & Feiser, J. (1975): Die Entwicklung des Metallhüttenwesens insbesondere am und im Harz. In: Technische Universität Clausthal 1775–1975. Bd. I: 331–364. Clausthal-Zellerfeld.

Gruhl, H. (1975). *Ein Planet wird geplündert. Die Schreckensbilanz unserer Politik.* 376 S. Frankfurt a. M.: Fisher.

Honemann, R. L. (1754). Die Alterthümer des Harzes. – 4 Teile, zus. 699 S., 2 Register. Clausthal.

Hubbert, M. K. (1956). Nuclear energy and the fossil fuels. *Shell Development Company, Exploration and Production Research Division, Publication 95,* 57 S. Houston, Texas.

Institute of Mining Statistics. (1978). *World mining statistics 1970–1974.* 216 S. London: Institute of Mining Statistics.

Israelnetz. (2018). Israel und Ägypten schließen Gas-Abkommen ab. Meldung vom 20.02.2018.; Wetzlar. https://www.israelnetz.com/politik-wirtschaft/wirtschaft/2018/02/20/israel-und-aegypten-schliessen-gas-abkommen-ab/?utm_source=newsletter&utm_medium=email&utm_campaign%5BcObj%5D%5Bdata%5D=date%3AU&utm_campaign%5BcObj%5D%5Bstrftime%5D=%25y-%25m-%25d&cHash=881bf1c5797a9c115a398a961ba5a321. Zugegriffen: 07. Sept. 2019.

King, G. E. (2012). Hydraulic Fracturing 101. SPE 152596. 80 S. Richardson, Tx. https://www.kgs.ku.edu/PRS/Fracturing/Frac_Paper_SPE_152596.pdf. Zugegriffen: 6. Dez. 2019.

Kraft, H. (1961). Sind die Rohstoffe wirklich zu billig? *Die Zeit,* 5.

Krezschmer, P. (1744). Oeconomische Vorschläge, wie das Holz zu vermehren, die Strassen mit schönen Alleen zu besetzen. 164 S. Leipzig (Nachdruck 2012, Univ. of Calif., Merced, Ca.).

KSL (Kupferschiefer Lausitz GmbH). (2019). KSL Kupferlagerstätte; Projektentwicklung. https://www.kslmining.com/ksl-kupferlagerstaette/projektentwicklung/. Zugegriffen: 19. Nov. 2019.

Li, Z., Fuhr, O., Fichtner, M., & Zhao-Karger, Z. (2019). Towards stable and efficient electrolytes for room-temperature rechargeable calcium batteries. *Energy Environment Science, 12,* https://doi.org/10.1039/c9ee01699f.

Lüschen, H. (1979). *Die Namen der Steine. Das Mineralreich im Spiegel der Sprache.* 381 S. Thun: Ott.

Malthus, T. (1798). *An essay on the principle of population* (Reprint 1993, 208 S.). Oxford: Oxford University Press.

Meadows, D. (1972). *Die Grenzen des Wachstums. – Bericht des Club-of-Rome zur Lage der Menschheit.* 180 S. Stuttgart: Deutsche Verlags-Anstalt.

Meadows, D., Randers, J., & Meadows, D. (2013). *Limits to growth: The 30-year update.* 342 S. White River Junction: Routledge.

Noble Energy. (2009). Noble energy announces successful tamar appraisal in Israel and increases resource size. Press release 07 Jul 2009. 2 S. https://investors.nblenergy.com/static-files/9819a8fb-80ea-4724-8331-4f005235e525. Zugegriffen: 10. Febr. 2020.

Noble Energy. (2019). Noble energy announces first gas from the leviathan field offshore Israel. Press release 31 Dec 2009. 2 S. https://investors.nblenergy.com/node/23441/pdf. Zugegriffen: 10. Febr. 2020.

Petersen, S. (2016). *Massivsulfide – Rohstoffe aus der Tiefsee* (S. 15). Kiel (Geomar).

Rempe, N. T. (2010). Anmerkungen zur Geschichte der Rohstoffprognose. *SDGG 68 – GeoDarmstadt, 2010, 460*–461.

Röhling, S. (2012). Phosphatrohstoffe – Globale Verteilung und Verfügbarkeit. *SDGG, 80,* 106.

Römer, F., Binder, A., & Goldmann, D. (2018). Basic considerations for the reprocessing of sulfidic tailings using the example of the bollrich tailing ponds. *ERZMETALL, 71*(3), 135–143.

Schindler, J., & Zittel, W. (2008). *Crude oil – The supply outlook.* 102 S. Berlin: Energy Watch Group & Ludwig-Boelkow-Foundation.

Schmidt, M. (2017). Rohstoffrisikobewertung – Lithium. *DERA Rohstoffinformationen, 33,* 134 S.

Scholz, R., & Wellmer, F.-W. (2013). Approaching a dynamic view on the availability of mineral recourses: What we may learn from the case phosphorus? *Global Environmental Change, 23,* 11–27.

Slotta, R. (1986). *Technische Denkmäler in der Bundesrepublik Deutschland. – 5:* Der Eisenerzbergbau, Tl. I: 1151 S.

SLULG (Sächsisches Landesamt für Umwelt, Landwirtschaft und Geologie). (2013). Projekt ROHSA 3 – Rohstoffdaten Sachsen. Datenbank. Dresden. https://www.rohstoffdaten.sachsen.de/projekt-rohsa-3-4140.html. Zugegriffen: 7. Jan. 2020.

Stedingk, K. (2002). Geologie der Lagerstätte und Bilanz des Bergbaus. *Lautenthal - Bergstadt im Oberharz. Bergbau- und Hüttengeschichte,* 11–38. Lautenthal: Bergwerks- und Geschichtsverein.

UBA (Umweltbundesamt). (2012). *Glossar zum Ressourcenschutz.* 42 S. Dessau-Roßlau: UBA.

USGS (United States Geological Survey). (2019). *Mineral commodity summaries 2019.* 200 S. Reston Va: USGS.

Vorholz, F. (2006). Angst vor der zweiten Halbzeit. *Die Zeit,* 17.

Wedig, M. (2019). The FAB and the development on the international mining and mineral markets. *Mining Report Glückauf, 155*(2), 151–157.

Weinreich, K. (2002). Die Aufbereitung der Erze. *Lautenthal – Bergstadt im Oberharz. Bergbau- und Hüttengeschichte,* Lautenthal: Bergwerks- und Geschichtsverein.

Wellmer, F.-W. (2008). Reserves and resources of the geosphere, terms so often misunderstood. *Z. dt. Ges. Geowiss., 159,* 575–590.

Welt (2011): Am Phosphat hängt das Schicksal der Menschheit. – Ausgabe vom 05.09.2011; Hamburg https://www.welt.de/dieweltbewegen/article13585089/Am-Phosphor-haengt-das-Schicksal-der-Menschheit.html. Zugegriffen: 27. Dez. 2019.

Welt. (2015). Gold, Platin und Nickel aus dem Weltraum. https://www.welt.de/wissenschaft/weltraum/article143563680/Gold-Platin-und-Nickel-aus-dem-Weltraum.html. Zugegriffen: 4. Dez. 2019.

Wrede, V. (2006). Erzbergbau im Ruhrgebiet. *GeoPark-Themen, 2,* 24 S.

Wrede, V. (2016). Schiefergas und Flözgas – Potenziale und Risiken der Erkundung unkonventioneller Erdgasvokommen in Nordrhein-Westfalen aus geowissenschaftlicher Sicht. *scriptum, 23,* 5–129.

ZDF. (8. Juli 2018). Weltraumgesetz: Deutschland greift nicht nach den Sternen. *Heute.* https://www.zdf.de/nachrichten/heute/weltraum-deutschland-greift-nach-den-sternen-stephan-hobe-100.html. Zugegriffen: 4. Dez. 2019.

Zwartendyk, J. (1974). The life index of mineral reserves – A statistical mirage. *Transact. Canad. Institute of Mining and Metallurgy, 77,* 453–456.

6

Der Planet wird geplündert – oder: Ist genug für alle da?

Trailer

Eine Rohstoffverknappung setzt Regelmechanismen in Gang, durch die die Exploration verstärkt wird und die eine höhere Rohstoffeffizienz bewirken. Die Substitution der fossilen Energieträger Kohle und Erdöl allein durch erneuerbare Energien dürfte schon von deren Flächenbedarf her nicht realistisch sein. Erdgas als relativ sauberer Energieträger wird noch für viele Jahrzehnte unverzichtbar bleiben. Politische Instabilitäten und Monopolbildungen können die Verlässlichkeit der Rohstoffversorgung negativ beeinflussen. Die Fortschritte bei der Rohstofferkundung, der Bergbautechnik und bei der Effizienz der Rohstoffnutzung und des Transportwesens überwiegen bei Weitem den Anstieg des Rohstoffbedarfs, so dass heute mehr Rohstoffe zur Verfügung stehen als jemals zuvor. In der Folge sinken die Rohstoffpreise langfristig in Relation zu den übrigen Lebenshaltungskosten.

6.1 Regelkreise der Rohstoffwirtschaft

Die Dynamik der Rohstoffwirtschaft lässt sich in Form von Regelkreisen darstellen (Abb. 6.1).

Der innere Regelkreis beschreibt die technisch-wirtschaftlichen Reaktionen auf einen durch erhöhte Nachfrage oder Vorratsverknappung ausgelösten Preisanstieg. Höhere Erlöse machen bislang unwirtschaftliche Vorkommen rentabel, und sie stimulieren die Exploration, durch die neue Lagerstätten oder Lagerstättentypen erschlossen werden. Hierdurch steigen die Vorräte und die Produktion, und es pendelt sich ein neues Gleichgewicht zwischen Angebot und Nachfrage ein.

© Der/die Herausgeber bzw. der/die Autor(en), exklusiv lizenziert durch Springer-Verlag GmbH, DE, ein Teil von Springer Nature 2020
V. Wrede, *Bergbau gleich Raubbau?*, https://doi.org/10.1007/978-3-662-61941-4_6

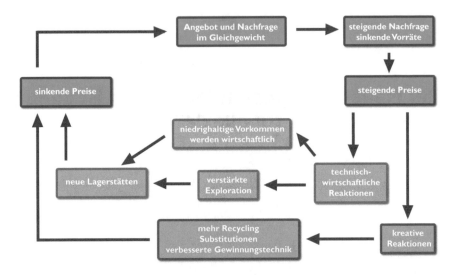

Abb. 6.1 Regelkreise der Rohstoffversorgung (verändert nach BGR 2019)

Ein weiterer wichtiger Aspekt zur Verbesserung der Wirtschaftlichkeit von Rohstoffgewinnungsbetrieben und zum nachhaltigen Umgang mit den Ressourcen ist auch die vollständige Ausnutzung der Lagerstätten in Hinblick auf beibrechende Nebenprodukte. So werden in der Schwerspatgrube Clara bei Oberwolfach im Schwarzwald geringe Mengen an Kupfer und Silber als Nebenprodukte wirtschaftlich gewonnen. In einigen Kieswerken vor allem im Oberrheingebiet wird aus den bei der Kiesaufbereitung anfallenden Schwermineralkonzentraten Gold abgeschieden und verwertet. Die auf diese Art erzielte Goldproduktion in Deutschland lag 2017 bei schätzungsweise ca. 25 kg im Jahr (BGR 2017a). Auch die Nutzung der unterirdischen Hohlräume als Deponieraum z. B. für Kraftwerksaschen oder Sonderabfälle ist ein mitunter wesentlicher Teil der Grubenwirtschaft. Hierfür müssen aber spezielle Bedingungen, z. B. die Abdichtung gegen grundwasserführende Schichten, gegeben sein, weshalb vorrangig, aber nicht nur, Salzlagerstätten als Untertagedeponien genutzt werden.

Zugleich regen steigende Preise aber auch die menschliche Kreativität an – mit dem Ziel, entweder von den höheren Erlösen zu profitieren oder aber die Kosten der Rohstoffversorgung zu senken, wie im äußeren Regelkreis dargestellt. Lässt sich der Rohstoff durch Recycling wiederverwerten? Lässt er sich durch andere Stoffe ersetzen? Ist es möglich, den Rohstoff durch verbesserte Technik effizienter zu nutzen? Die Kreativität des Menschen bei der Suche nach Rohstoffen und ihrer optimalen Nutzung ist wahrscheinlich der wichtigste Faktor, der auch zukünftig die Rohstoffversorgung sicherstellt. Diese Kreativität kommt immer dann zum Tragen, wenn sich eine Mangelsituation einstellt.

Der amerikanische Wissenschaftler J. L. Simon vertrat in seinen Publikationen die These, es werde keine dauerhaften Versorgungsengpässe mit Rohstoffen geben, da die Verknappung eines Rohstoffs zum Anstieg seines Preises führt. Dies löst – entsprechend den skizzierten Regelkreisen – einerseits eine verstärkte Exploration aus, andererseits regt es den Menschen dazu an, den betreffenden Rohstoff effizienter und sparsamer zu nutzen, ihn – so möglich – zu recyceln oder nach Ersatzstoffen zu suchen (Simon 1981, 1996). Für ihn sind der Erfindungsreichtum des Menschen und seine Anpassungsfähigkeit die letztlich entscheidenden Ressourcen („Ultimate Resource") für die menschliche Zukunft. Entscheidend ist, dass der Wille und die Zuversicht bestehen, neue Rohstoffvorkommen zu erschließen. Bereits 1952, als im Zusammenhang mit der Koreakrise eine Verknappung der Erdölreserven befürchtet wurde, formulierte der amerikanische Erdölgeologe W. E. Pratt:

Wenn niemand mehr glaubt, dass Öl gefunden werden kann, werden auch keine Ölfelder mehr gefunden. Solange aber nur ein Ölsucher daran glaubt, ein neues Ölfeld finden zu können, und die Chance erhält, danach zu suchen, so lange besteht auch die Möglichkeit, dass neue Ölfelder gefunden werden. (Pratt 1952).

Diese optimistische Betrachtungsweise der Rohstoffwirtschaft hat sich bislang als weitgehend richtig erwiesen, während sich die pessimistischen Prognosen im Wesentlichen nicht bestätigt haben, die auf dem Malthus'schen Ansatz beruhen, die Menge der zur Verfügung stehenden Rohstoffe könne mit dem Bevölkerungswachstum nicht Schritt halten. Der Einwand von Mudd (2010), dass die Bedingungen für den Bergbau sich generell eher verschlechtern (z. B. geringere Erzgehalte, höherer Abraumanteil, tiefer liegende oder schwieriger zu erschließende Vorkommen usw.), ist nur teilweise zutreffend. Im Bedarfsfall sind bislang meist technische Lösungen gefunden worden, durch die die lagerstättenbedingt steigenden Gewinnungskosten aufgefangen werden konnten, oder es fanden sich alternative Lagerstätten, die sich kostengünstiger ausbeuten ließen.

Wie bereits gezeigt, wurden gerade in Europa viele Armerzlagerstätten stillgelegt, weil ihre Produktionskosten im Vergleich zu den Weltmarktpreisen zu hoch waren. Das ist die Folge davon, dass heute weltweit ein größeres Angebot an billig(er) zu gewinnenden Rohstoffen besteht als noch vor einigen Jahrzehnten.

6.2 Rohstoffsubstitution

Die Wirtschaft der DDR, die wegen des Devisenmangels weitgehend vom weltweiten Rohstoffhandel abgekoppelt war, hat eindrucksvolle Beispiele für den kreativen Umgang mit der Mangelsituation geliefert. So wurden nicht nur extrem arme Lagerstätten von Kupfer, Uran oder Zinn erfolgreich ausgebeutet – wenn auch zu marktwirtschaftlich unrealistischen Kosten und unter Inkaufnahme hoher Umweltbelastungen. Auch in der Verfahrenstechnik wurden kreative Lösungen gefunden. So dienten z. B. die Kalksteinlagerstätten des Ostharzes teilweise dazu, den Mangel an Erdgas auszugleichen (A. Grosse, Wernigerode, pers. Komm.). Anstatt Acetylengas aus Erdgas zu gewinnen, wurde Kalkstein mit Braunkohlenkoks unter hohem Energieaufwand zu Calciumcarbid verarbeitet und dieses dann mit Wasser zu Acetylengas umgesetzt.

Seit einiger Zeit ist neben der rein wirtschaftlichen Betrachtung auch die Frage der Umwelt- oder Gesundheitsverträglichkeit ein wichtiger Gesichtspunkt bei der Nutzung von Rohstoffen. So wird mittlerweile auf die Produktion und den Einsatz von Asbest und Quecksilber wegen der damit verbundenen Gesundheitsgefahren weitgehend verzichtet. Der verhältnismäßig kurzfristige Verzicht auf die Gewinnung oder Verwendung von Asbest, der zwischen 1970 und 2005 zumindest in den Industrieländern international durchgesetzt wurde, hat nicht zu wesentlichen Versorgungsengpässen geführt. Der Asbest konnte je nach Anwendung durch andere faserige Minerale wie Wollastonit, synthetische Mineralwollen, Keramikfasern oder organische Naturfasern substituiert werden (z. B. Poeschel und Köhling 1985). Ähnlich flexibel reagierte die Rohstoffwirtschaft auf die Einschränkungen, die das 2017 in Kraft getretene Minamata-Übereinkommen bezüglich der Gewinnung und des Handels mit Quecksilber bewirkte.

Interessant ist die wechselseitige Substitution von Kohle und Erdöl als Chemierohstoff. In Zeiten der Erdölknappheit (z. B. im Ersten und Zweiten Weltkrieg, aber auch während der Ölkrisen der 1970er Jahre) wurden mittels Hydrierverfahren aus Stein- und Braunkohle synthetische Kohlenwasserstoffe gewonnen. Am bekanntesten wurden das Bergius-Pier-Verfahren und das Fischer-Tropsch-Verfahren zur Herstellung von synthetischem Benzin während des Zweiten Weltkriegs (Kainer 1950). Nach dem Krieg wurde die Kohlehydrierung in Konkurrenz zum Erdöl unwirtschaftlich und daher eingestellt. Die Ölkrise von 1973 führte zur Wiederaufnahme des weiterentwickelten Fischer–Tropsch-Verfahrens in der Kohleölversuchsanlage in Bottrop, die jedoch bei fallenden Ölpreisen wegen

Unwirtschaftlichkeit im Jahr 1980 wieder stillgelegt wurde (Ruhrkohle AG et al. 1988). In Südafrika, das während der Zeit der Apartheid wegen des internationalen Boykotts Probleme mit der Ölversorgung hatte, wurde die Technik der Kohleverflüssigung im großindustriellen Maßstab weiterentwickelt und liefert bis heute einen erheblichen Teil des dort benötigten Benzins für den Fahrzeugverkehr.

Die immer weiter fallenden Erdölpreise nach dem Zweiten Weltkrieg führten dann in Europa zu einer umgekehrten Entwicklung. Das Erdöl verdrängte die Kohle von ihren traditionellen Märkten der Hausbrand- und industriellen Wärmerzeugung bis zum endgültigen Ende des Steinkohlebergbaus.

6.3   Urban Mining

Unter dem Begriff *Urban Mining* werden alle Aktivitäten zusammengefasst, durch die bei der Herstellung von Waren oder nach deren Konsum anfallenden Sekundärmaterialien einer sinnvollen, ressourceneffizienten Verwendung zugeführt werden sollen (Flamme et al. 2011; Bringezu 2016).

Recycling ist heute bei vielen Stoffen schon eine wesentliche Rohstoffquelle geworden. Das Sammeln und Wiederverwerten von Papier, Metallschrott oder Glas haben bereits eine relativ lange Tradition. Auch hier hatte die DDR auf Grund ihrer Mangelwirtschaft sehr umfassende und effiziente Systeme zur Erfassung und Wiederverwertung von Sekundärrohstoffen entwickelt.

Während sich Metalle oft eins zu eins recyceln lassen, haben andere Stoffe teilweise irreversible Verarbeitungsprozesse durchlaufen, weshalb sie sich dann zu meist nur geringerwertigen Stoffen weiterverarbeiten lassen. Ein Ziegelstein kann beispielsweise nicht mehr zu Ton rückverwandelt werden. Dies schränkt die Möglichkeiten des Recyclings zum Teil ein, gleichwohl werden teilweise hohe Recyclingquoten erreicht: Sie betragen in Deutschland für Aluminium 57 %, für Kupfer 45 % und für Stahl 43 %. 66 % des in Deutschland produzierten Bleis stammen aus Recyclingmaterialien.

Allerdings birgt gerade das Recycling von bleihaltigen Materialen, vor allem Autobatterien, bei unsachgemäßem Umgang erhebliche Umweltrisiken. Nach dem von Green Cross Switzerland/Pure Earth, New York, 2016 veröffentlichten Bericht sind das Batterierecycling und die Bleiverarbeitung die umweltschädlichsten Industrien überhaupt. Die Hafenstadt Baios de Haina in der Dominikanischen Republik zählt wegen der Rückstände einer Batterierecycling-Anlage zu den am stärksten kontaminierten Orten weltweit (Blacksmith Institute 2006).

Weltweit stammen auch mehr als 50 % des produzierten Zinks aus dem Recycling. Neben der heute vorherrschenden Wiederverwertung von zinkhaltigen Restmaterialien hat es schon vor längerer Zeit eine spezielle Wiederaufarbeitung von Hüttenschlacken gegeben, die über Jahrhunderte bei der Verhüttung von komplexen Blei-/Zinkerzen anfielen. Sie enthielten teilweise bis zu 15 % Zink, da es seinerzeit keine Verfahren zur Gewinnung von Zink gab (Preussag 1965).

Auch bei Nicht-Metallrohstoffen spielt das Recycling eine große Rolle: Bei den Baustoffen bzw. beim Bauschutt werden teilweise sehr hohe Recyclingquoten erreicht (Abb. 6.2). So wurden in Deutschland vom Gesamtanfall von ca. 58,6 Mio. t Bauschutt (Beton, Ziegel, Fliesen und Keramik) im Jahr 2016 45,5 Mio. t (entsprechend 77,7 %) recycelt, während 9,4 Mio. t (16,1 %) als Verfüllgut z. B. zur Rekultivierung von Abgrabungen genutzt wurde. Einschränkungen können sich ergeben, wenn das Recyclinggut nicht sortenrein anfällt und möglicherweise schadstoffbelastet ist. Noch höher als beim Bauschutt ist die Recyclingquote bei Straßenaufbruch: Hier werden über 95 % des anfallenden Materials recycelt. Die Recyclingmaterialien machen 12,7 % der Gesamtmenge von

Abb. 6.2 Abbruch des ehemaligen Opel-Werks in Bochum: aufbereiteter und klassifizierter Bauschutt (2019)

566,5 Mio. t Gesteinskörnungen[1] aus, die in Deutschland 2016 produziert wurden (Kreislaufwirtschaft Bau 2018). Allerdings erfüllen die aus Bauschutt gewonnenen Recyclingprodukte in der Regel nicht die Qualitätsstandards der Ausgangsmaterialien.

Insgesamt werden von den in Deutschland anfallenden Abfallmengen jeder Art (Bau- und Abbruchabfälle, Gewerbeabfälle oder Siedlungsabfälle) rund 70 % stofflich verwertet und weitere 10 % energetisch genutzt (BGR 2017a). Etwa 60 % des Behälterglases und 20–40 % des Flachglases bestehen aus recyceltem Altglas. Das hat seit 1970 zu einer Einsparung von ca. 40 Mio. t Quarzsand und mehreren Millionen Tonnen anderer Mineralien (Feldspat, Kalkstein etc.) geführt (BGR 2016).

Das Recycling führt daher bereits heute zu einer spürbaren Verringerung der primären Rohstoffförderung und auch der damit verbundenen bergbaulichen Eingriffe in die Natur. Das Recycling widerspricht auch der Aussage, die Rohstoffe seien „endlich und nicht vermehrbar" (Abschn. 5.1). Wenn ein Rohstoff mehrfach genutzt werden kann, vervielfacht sich die Rohstoffbasis entsprechend. Ein (theoretisch) verlustfrei recycelbarer Rohstoff (z. B. Glas oder Metallschrott) wäre als (annähernd) „erneuerbarer Rohstoff" zu qualifizieren.

Auch die Rückgewinnung von bereits deponierten Reststoffen, das sogenannte *Landfill Mining*, wird heute als zusätzliche Rohstoffquelle diskutiert. Allerdings dürften die Aufwältigung früherer Deponien und die Aufbereitung der darin enthaltenen Wertstoffe technisch und wirtschaftlich aufwändig sein, da die Zusammensetzung der meisten Deponien sehr heterogen und oft auch unbekannt ist, die Gefahr der Freisetzung von Schadstoffen besteht und das Volumen der meisten Deponien im Verhältnis zu natürlichen Rohstofflagerstätten meist nur klein ist. Auch die rechtlichen Rahmenbedingungen für derartige Vorhaben sind noch nicht geklärt (Buchert et al. 2013).

6.4 Fossile und regenerative Energieerzeugung

Auf dem G7-Gipfel der führenden Industriestaaten wurde im Juni 2015 die „Dekarbonisierung der Weltwirtschaft bis zum Ende dieses Jahrhunderts" als politisches Ziel definiert, um den klimaschädlichen CO_2-Ausstoß zu

---

[1]Unter dem Begriff „Gesteinskörnungen" werden natürliche Kiese, gebrochenes Festgesteinsmaterial oder Recyclingprodukte zusammengefasst, die z. B. als Splitt im Straßenbau oder als Betonzuschlag verwendet werden können.

reduzieren (Abschlusserklärung G7-Gipfel). Auf dem Weg zu diesem Ziel soll nach dieser Erklärung dem Erdgas eine wichtige Rolle als Brückentechnologie zukommen. Sollte dieses Ziel verwirklicht werden, ist ein starker Rückgang nicht nur der Nachfrage nach Kohle, sondern langfristig auch nach Erdöl zu erwarten. Selbst unter Zugrundelegung der pessimistischen Peak-Oil-Szenarien würden dann die entsprechenden Vorräte der Welt ausreichen, um sie bis zum Ende des Kohlenstoff- oder Ölzeitalters zu versorgen. Die Frage nach den notwendigen Alternativen bei der zukünftigen Energieversorgung in Deutschland ist aber noch nicht geklärt. Angestrebt wird ein weiterer massiver Ausbau der erneuerbaren Energien, die zurzeit knapp 50 % zur Stromerzeugung beitragen. Der Anteil der elektrischen Energie am Gesamt-Endenergieverbrauch beträgt heute knapp 20 %, der Anteil der erneuerbaren Energien insgesamt erreicht daher nur 10–15 % vom Gesamtenergieverbrauch. Die von Mineralöl in den Verbrennungsmotoren der Kraftfahrzeuge erzeugte Endenergie macht dagegen rund 27 % des Endenergieverbrauchs aus (Werte nach AGEB 2019).

Wenn nun zumindest ein erheblicher Teil dieser bislang vom Mineralöl gelieferten Energiemenge durch Elektroantriebe ersetzt werden soll, führt dies zu einer extrem starken zusätzlichen Nachfrage nach elektrischer Energie, ggf. zu mehr als der Verdopplung der Stromnachfrage. Auch die fortschreitende Digitalisierung aller Lebensbereiche führt zu einem erhöhten Strombedarf, der heute bereits auf 10 % des gesamten Stromverbrauchs in Deutschland geschätzt wird (KWH-Preis.de 2011).

Es ist stark zu bezweifeln, dass diese zusätzlichen Energiemengen bei gleichzeitigem Zurückfahren der konventionellen Energieerzeugung allein durch den weiteren Ausbau der Windenergie- und Photovoltaikanlagen aufgebracht werden können. Insbesondere der Ausbau der Windenergie an Land stößt bezüglich der verfügbaren Flächen offensichtlich an Grenzen. Nach einer Auswertung des Bundesinstituts für Bau-, Stadt- und Raumforschung beträgt die Flächeneffizienz von Windkraftanlagen durchschnittlich 15 MW/km², maximal ca. 20 MW/km² *installierte* Leistung (Einig und Zaspel-Heisters 2014). Soll also 1 GW konventioneller Kraftwerksleistung durch eine Windenergieanlage ersetzt werden, benötigt diese unter günstigsten Bedingungen eine Fläche von mindestens 50 km². Der Ersatz allein des Kraftwerks Neurath im Rheinischen Revier mit 4,4 GW Leistung durch Windkraftanlagen würde daher eine Mindestfläche von 180 bis 220 km² dauerhaft beanspruchen. (Demgegenüber beträgt die gesamte aktuelle Betriebsfläche des Braunkohlebergbaus im Rheinischen Braunkohlerevier etwa 90 km²). Sollte die gesamte Kraftwerksleistung des Rheinischen Braunkohlereviers von ca. 10,6 GW durch Windkraft ersetzt

werden, würde hierfür bei ständigem Volllastbetrieb der Windenergieanlagen ein rechnerischer Mindestflächenbedarf von 530 km^2 entstehen.
Diese Fläche ist größer als das Bundesland Bremen (419 km^2). Real müsste
aber mit einem drei- bis vierfachen Flächenbedarf gerechnet werden, da die
Windenergieanlagen wegen der wechselnden Windbedingungen nur einen
geringen Teil der installierten Leistung erbringen. Die vor allem von den
Windbedingungen abhängige tatsächliche Leistung erreicht nur 20–50 %
der installierten Leistung. Nach Daten des Umweltbundesamtes (UBA
2013) beträgt die rechnerische Auslastung der Windenergieanlagen in
Deutschland im Mittel 2440 Volllaststunden im Jahr, entsprechend 27,8 %
der installierten Leistung. Der errechnete Flächenbedarf wäre also um den
Faktor 3 bis 4 zu erweitern.

Ein Problem, das bisher wenig thematisiert wurde, ist der Eingriff, der
durch die Fundamentierung der Windkraftanlagen in den Boden erfolgt.
Die ursprüngliche Bodenstruktur wird irreversibel zerstört und in der Regel
durch eine mehrere Meter mächtige Stahlbetonplatte von etwa 350 m^2
bis über 800 m^2 Größe – je nach Turmhöhe und Baugrund – ersetzt. In
der Summe tragen die Fundamentflächen in den Windparks erheblich zur
Bodenzerstörung und -versiegelung bei. Ob die Fundamente nach Stilllegung
abgeschriebener Anlagen jemals zurückgebaut werden, muss in Anbetracht
der großen Zahl schon aus wirtschaftlichen Gründen bezweifelt werden. Die
Flächen von Windparks lassen sich zwar mit gewissen Einschränkungen landwirtschaftlich nutzen, stehen aber für andere Zwecke kaum mehr zur Verfügung. Die Ausweisung von Flächen für die Windenergieerzeugung steht
in Konkurrenz zu den Ansprüchen an die Lebensqualität der Anwohner
bezüglich der Geräuschemissionen und des Schattenwurfs, zum Artenschutz vor allem in Hinblick auf Vögel (z. B. Katzenberger und Sudfeldt
2019) und Fledermäuse (Roeleke et al. 2016) und zum Landschaftsbild. Ein
übermäßiger Ausbau der Windenergie dürfte zu Konflikten mit den rechtlich
verbindlichen Maßgaben des Bundesnaturschutzgesetzes führen:

*Natur und Landschaft sind auf Grund ihres eigenen Wertes und als Grundlage
für Leben und Gesundheit des Menschen auch in Verantwortung für die künftigen
Generationen [...] so zu schützen, dass [...] die Vielfalt, Eigenart und Schönheit
sowie der Erholungswert von Natur und Landschaft auf Dauer gesichert sind.
[...] Zur dauerhaften Sicherung der Vielfalt, Eigenart und Schönheit sowie des
Erholungswertes von Natur und Landschaft sind [...] insbesondere Naturlandschaften und historisch gewachsene Kulturlandschaften [...] vor Verunstaltung,
Zersiedelung und sonstigen Beeinträchtigungen zu bewahren.* (BNatschG, § 1 (1),
(4)).

Auch technische Restriktionen, z. B. in Hinblick auf den Flugverkehr oder Richtfunkstrecken (Schatto 2017), sind zu berücksichtigen. Die Windkraftanlagen stören durch ihre auf den Boden übertragenen Schwingungen beispielsweise auch die Erdbebenüberwachung (IRIS 2016; Stammler und Ceranna 2016; Zieger und Ritter 2018).

Auch wenn die grundsätzliche Einstellung in der Bevölkerung zu den erneuerbaren Energien eher positiv ist, entstehen mit fortschreitendem Ausbau und Flächenbedarf der Anlagen immer größere Akzeptanzprobleme, wie auch die gegenwärtige Diskussion um Abstandsregelungen zwischen Wohnbebauung und Windenergieanlagen zeigt. Es ist daher langfristig eher mit einem stärkeren Ausbau von Offshore-Windparks als von Windparks auf dem Festland zu rechnen. Hieraus ergibt sich wegen der aufwändigeren Konstruktion und der längeren Energieübertragungswege ein zusätzlicher Bedarf an Baustoffen, Stahl und Kabelmaterial.

Bei Wegfall der Stromerzeugung aus Kernkraftwerken und Kohlekraftwerken und den Limitierungen, die den Ausbau der erneuerbaren Energien begrenzen, einerseits und gleichzeitig stark steigender Nachfrage nach elektrischer Energie (Elektromobilität) andererseits droht eine Versorgungslücke, die am umweltverträglichsten durch vermehrten Gaseinsatz ausgeglichen werden kann.

Von allen fossilen Energieträgern ist die Verbrennung von Erdgas am wenigsten umweltschädlich. So beträgt der CO_2-Ausstoß bei der Verbrennung von Erdgas nur ca. 55 % der Menge an Kohlendioxid, die bei der Verbrennung von Kohle zur Erzeugung der gleichen Energiemenge entsteht.

Erdgas ist der fossile Energieträger mit den mit Abstand geringsten Treibhausgasemissionen. Die verstärkte Nutzung von Erdgas ist eine im Rahmen einer Klimaschutzstrategie verfügbare Option zur Reduzierung der Treibhausgasemissionen. Sie ist daher eine sinnvolle und notwendige Ergänzung einer klimapolitischen Kernstrategie, die auf die erheblich effizientere Nutzung aller Energieträger und auf den Umstieg auf erneuerbare Energien zielt. (Wuppertal Institut 2005).

Die Kommission für Wachstum, Strukturwandel und Beschäftigung („Kohlekommission der Bundesregierung") setzt zur Sicherstellung der Versorgungssicherheit ganz vorrangig auf den Bau bzw. Ausbau von Gaskraftwerken:

Grundsätzlich sollen die empfohlenen Maßnahmen zur Beendigung der Kohleverstromung Planbarkeit für die Marktakteure schaffen und so dafür sorgen, dass die erforderlichen Investitionen in neue Kapazitäten – insondere Gaskraftwerke und

Speicher – im Rahmen des Energy-OnlyMarktes[2] und im Rahmen des KWKG[3] getätigt werden. (BMWI 2019, S. 67).

Demzufolge nimmt der Anteil des Erdgases an der Stromerzeugung in Deutschland vor allem zu Lasten der Braunkohle und der nunmehr vollständig importierten Steinkohle stetig zu. Dies führt zu einer spürbaren Verringerung der CO_2-Emissionen im Bereich der fossil erzeugten elektrischen Energie. Neben dem Import von Erdgas vor allem aus Russland und Flüssiggas z. B. aus den USA oder Qatar, durch den aber neue Abhängigkeitsverhältnisse entstehen, erscheint daher längerfristig auch ein Rückgriff auf die heimischen Ressourcen an Schiefer- und Flözgas sinnvoll (BGR 2012a, 2016; Wrede 2016). Die positiven Erfahrungen vor allem in den USA, Australien und anderen Ländern mit der Frack-Technik, die neben einer erheblichen Vergrößerung der Vorratsbasis auch eine deutliche Reduktion des CO_2-Ausstoßes bewirkt hat (Abschn. 5.2.2), lassen eine vorurteilsfreie Neubewertung der Erschließung von einheimischen unkonventionellen Gasvorkommen erwägenswert erscheinen. Gerade unter dem Gesichtspunkt des erweiterten Nachhaltigkeitsbegriffs und des Klimaschutzes muss diskutiert werden, ob es vertretbar ist, das Erdgas in ökologisch hochsensiblen Permafrostgebieten Sibiriens unter Einsatz zumindest fragwürdiger technischer Standards zu fördern. Von dort wird es über mehrere Tausend Kilometer über Pipelinesysteme nach Mitteleuropa transportiert, die zum Teil durch sensible Meeresgebiete (Ostsee, Schwarzes Meer) verlaufen und mit entsprechendem Energieaufwand und Leitungsverlusten verbunden sind. Zumindest ein Teil dieser Gasmengen könnte möglicherweise auch verbrauchernah und umweltfreundlicher in Deutschland und Mitteleuropa gefördert werden (Kümpel 2020).

Auch die Umstellung von Fernwärmenetzen, die heute noch mit der Abwärme von Kohlekraftwerken betrieben werden, auf andere Energiequellen (vorzugsweise Erdgas) ist erforderlich (BMWi 2019, S. 68).

Eine weitere Folge des Kohleausstiegs wird sein, dass die Nachfrage nach Naturgips wieder zunehmen wird. Vom Gipsbedarf der deutschen Industrie in der Größenordnung von ca. 11,3 Mio. t/a werden gegenwärtig rund zwei Drittel (7,2 Mio. t) durch REA-Gips aus der Rauchgasentschwefelung von Kohlekraftwerken gedeckt (BGR 2017a).

---

[2]Energiemarkt, bei dem nur tatsächliche Energielieferungen vergütet werden, nicht aber die Bereitstellung von Leistung.

[3]Kraft-Wärme-Kopplungsgesetz (vom 21.12.2015): Gesetz für die Erhaltung, die Modernisierung und den Ausbau der Kraft-Wärme-Kopplung.

Auf die sozial- und regionalpolitischen Folgen des geplanten Kohleausstiegs soll hier nicht näher eingegangen werden. Das Dilemma, sich aus
klimapolitischen Gründen möglichst schnell aus der Kohlegewinnung
und -nutzung zurückziehen zu wollen und gleichzeitig die Folgen für den
Arbeitsmarkt und die regionale Entwicklung der betroffenen Gebiete abzu-
puffern, ist auch aus Sicht der Bergbaukritiker bislang nicht endgültig
gelöst (Müller 2016). In den Empfehlungen der Kohlekommission werden
Vorschläge zur Verbesserung der wirtschaftlichen und infrastrukturellen
Rahmenbedingungen in den betroffenen Regionen gemacht und eine entsprechende finanzielle Förderung eingefordert (BMWi 2019). Ob sich die
erwünschte wirtschaftliche Entwicklung im notwendigen Umfang und Zeit-
rahmen tatsächlich einstellt, ist aber noch nicht absehbar.

Obwohl die Anbauflächen für Energiepflanzen (vor allem Mais) heute
bereits 15 % der Gesamtanbaufläche Deutschlands betragen (Abschn. 4.2),
tragen sie nur mit weniger als 10 % zur Energieerzeugung bei. Ein wesentlich höherer Anteil an der Energieerzeugung ist wegen der Begrenztheit der
Anbauflächen nicht zu erwarten.

Auch der Anteil der Solarenergie ist mit ca. 46,5 TWh oder 9 % der Stromerzeugung relativ gering. Obwohl hinreichende Mengen von Quarzsand
als Rohmaterial für die Herstellung von Solarzellen für Photovoltaikanlagen
in Deutschland zur Verfügung stehen, werden diese vorwiegend in China
gefertigt.

Die Flächeneffizienz von Energiepflanzen oder Photovoltaikanlagen ist im
Realbetrieb deutlich geringer als die von Windenergieanlagen.

Mit der Geothermie steht grundsätzlich eine alternative, regenerative Georessource zur Substitution von fossilen Energieträgern zur Verfügung. In
Regionen mit einem hohen natürlichen Wärmefluss, insbesondere in vulkanisch
geprägten Gebieten wie Neuseeland, Island, Teilen Italiens und anderswo ist
die Nutzung der Erdwärme bereits seit Langem Stand der Technik. Erste mit
natürlichem Thermalwasser betriebene Heiznetze lassen sich bis in das 14. Jahrhundert in Frankreich zurückverfolgen; die erste Erzeugung von elektrischem
Strom mittels geothermischer Energie erfolgte 1904 in Larderello in Italien.

Wie schon in Abschn. 5.2.2 erwähnt wurde, wird die Geothermie in
Deutschland im Niedertemperaturbereich bei Gebäudeheizungen (ober-
flächennahe Geothermie) bereits in großem Umfang erfolgreich eingesetzt.
Nach Angaben des Bundesverbands Geothermie existierten 2018 rund
390.000 Anlagen mit einer installierten Wärmeleistung von 4290 MW. Im
Bereich der Hochtemperaturnutzung (tiefe Geothermie), z. B. zur Erzeugung
von elektrischer Energie in Geothermiekraftwerken, schrecken zurzeit noch
die sehr hohen Investitionskosten und -risiken für Bohrungen von oft

mehreren Tausend Meter Tiefe mögliche Investoren vielfach ab. Hier waren 2018 in Deutschland 37 Anlagen in Betrieb, davon 33 Heizwerke, neun Kraftwerke und fünf Kombianlagen. Sie wiesen zusammen eine installierte Wärmeleistung von 337 MW und eine installierte elektrische Leistung von 37 MW auf (Bundesverband Geothermie 2020).

Bei hydrothermalen Systemen werden grundwasserführende, klüftige oder poröse Gesteine in entsprechender Tiefe (i. d. R. > 3000 m) aufgesucht und durch zwei (oder mehrere) Bohrungen erschlossen. Durch die Injektions-bohrung wird kaltes Wasser von der Oberfläche eingespeist und in der Förderbohrung eine analoge Menge von heißem Grundwasser entnommen und über Wärmetauscher der Nutzung zugeführt. Bei petrothermalen Systemen bestehen keine natürliche Wegsamkeit und Wasserführung im Gestein. Hier muss durch geeignete Stimulationsmaßnahmen erst eine wasserwegsame Verbindung zwischen den Bohrungen geschaffen werden. Alternativ kann eine Geothermiesonde zum Einsatz kommen, bei der Hin- und Rückfluss innerhalb eines Bohrlochs erfolgen. Die Kapazitäten der-artiger Anlagen sind jedoch begrenzt. Die rechtlichen Rahmenbedingungen zur Genehmigung von Anlagen der tiefen Geothermie, insbesondere in Hinblick auf die notwendigen Stimulationsmaßnahmen bei petrothermalen Systemen, sind – je nach Bundesland unterschiedlich – kompliziert und zum Teil möglichen Projekten nicht unbedingt förderlich. Zurzeit findet in Deutschland vor allem in verkarsteten Malmkalken im Untergrund des bayerischen Molassebeckens im Großraum München eine intensive Nutzung tiefer Geothermie statt (Birner et al. 2012) Das Geothermieheiz-werk Unterhaching fördert aus ca. 3500 m Tiefe ca. 150 l/s Wasser mit einer Temperatur von ca. 125 °C, das überwiegend in ein Fernwärmenetz ein-gespeist wird, das etwa 7000 Haushalte versorgt. In den Niederlanden und Belgien werden verkarstete Kalksteine des Unterkarbons schon seit einigen Jahrzehnten erfolgreich geothermisch genutzt. In Nordrhein-Westfalen wird derzeit im Rahmen eines internationalen Kooperationsprojektes „DGE Roll-out" damit begonnen, die geothermischen Potenziale des tieferen Unter-grundes systematisch zu erkunden (GD NRW 2019).

Auch der Bau oder Betrieb von Geothermieanlagen ist nicht völlig frei von Risiken: Der Betrieb eines im Jahr 2007 in Betrieb genommenen hydrothermalen Geothermiekraftwerks in Landau/Pfalz löste dort im Jahr 2009 leichte Erdbeben und nachfolgende Geländesenkungen aus. Durch Geothermiebohrungen in Staufen/Breisgau kam es 2007 zu einem Wasserzutritt in eine anhydritführende, quellfähige Gesteinsschicht, was zu einer Geländehebung und massiven Bauwerksschäden in der Staufener Altstadt führte (Ruch und Wirsing 2013). In Kamen-Wasserkurl

(Nordrhein-Westfalen) führte eine havarierte Geothermiebohrung zu einem Wasserabfluss aus dem obersten Grundwasserleiter in den tieferen Untergrund, wodurch es ebenfalls zu erheblichen Bodenbewegungen und Gebäudeschäden kam (Wrede et al. 2010).

Weltweit wird auch in der weiteren Nutzung der Kernenergie durchaus eine klimaneutrale Option zur Energieerzeugung gesehen. Im Jahr 2019 wurden ca. 440 Kernkraftwerke betrieben, mit zusammen 390,5 GW installierter elektrischer Leistung. Sie lieferten ca. 11 % der gesamten Strommenge weltweit. Weitere 52 Kernkraftwerke befanden sich im Bau (IAEA 2020), davon einige auch in europäischen Ländern (u. a. in Finnland, Frankreich, Großbritannien). Die für einen weiteren Ausbau der Atomenergienutzung notwendigen Kernenergiebrennstoffe stehen in ausreichender Menge langfristig zur Verfügung (BGR 2017b). Scholz und Wellmer (2013) stellten die Entwicklung der Uranproduktion weltweit der Entwicklung der bekannten Uranressourcen gegenüber: Im Zeitraum von 1965 bis 2009 wurden insgesamt rund 890.000 t Uran gewonnen. Trotzdem stiegen im gleichen Zeitraum die bekannten Ressourcen von 3,2 Mio. t auf 5,4 Mio. t. Die Statische Reichweite für Uran betrug im Jahr 1965 102 Jahre, im Jahr 2009 106 Jahre. Nach den Daten der Internationalen Atomenergiebehörde (NEA/IAEA 2016) stiegen seitdem die Uranproduktion und der Zuwachs an Ressourcen fast parallel weiter an, wodurch die Statische Reichweite von ca. 100 Jahren konstant bleibt (Abb. 6.3).

Die Frage der Entsorgung und Endlagerung der radioaktiven Abfallstoffe wird in den betroffenen Ländern der Erde unterschiedlich gehandhabt. In den skandinavischen Ländern Finnland und Schweden sowie der Schweiz sind Endlager bereits im Bau oder in sehr fortgeschrittenen Planungsphasen. In Deutschland wurde durch das 2017 verabschiedete Standortauswahlgesetz (StandAG vom 5. Mai 2017) der Weg zur Suche und Auswahl eines Endlagers für hochradioaktive Reststoffe festgelegt. In die Auswahl kommen sollen Standorte, bei denen die potentiellen Speichergesteine Salz, Tonstein oder Kristallingesteine bestimmte Parameter erfüllen und so eine sichere Verwahrung der Reststoffe für 1 Mio. Jahre gewährleisten können. Für die Planung und den Bau von Endlagern ist auf jeden Fall geowissenschaftliche und bergtechnische Expertise unabdingbar.

Auch wenn es den westeuropäischen und einigen anderen Ländern gelingt, auf die Kohleverstromung als Energiequelle zu verzichten, besteht kaum ein Zweifel daran, dass gerade in den bevölkerungsreichsten Ländern der Erde die Nutzung fossiler Energien zur Deckung des Energiebedarfs noch für Jahrzehnte notwendig ist. Allein in China werden zurzeit über 1000 Kohlekraftwerke betrieben, weitere rund 200 sind in Bau oder

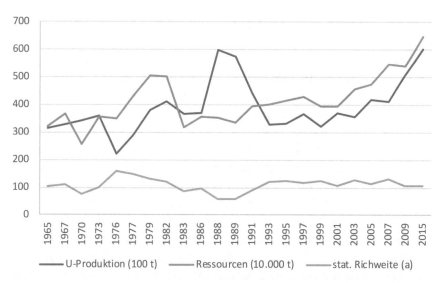

Abb. 6.3 Entwicklung der Produktion, der Ressourcen und der Statischen Reichweite (in Jahren (a)) von Uran im Zeitraum 1965–2015 (Daten nach Scholz und Wellmer 2013; NEA/IAEA 2016)

Planung (FAS2019). Die Produktion von Steinkohle stieg seit Jahrzehnten kontinuierlich an. Sie hat sich seit dem Ende der 1970er Jahre mehr als verdoppelt. Die Welt-Steinkohleförderung betrug 1980 rund 2,9 Mrd. t und wuchs bis 2013 auf 6,98 Mrd. t an (BGR 2017b). Unter Berücksichtigung der stark wachsenden Bevölkerung in den Schwellenländern könnte sie sich bis 2050 aber erneut verdoppeln (Martin-Amouroux 2013), zumal die bekannten Vorkommen an Kohle die Versorgung noch für Jahrhunderte sichern (Schmidt 2013). Unter dem Blickwinkel des Klimaschutzes ist eine Substitution zumindest eines Teils dieser Kohlemengen durch erneuerbare Energien oder aber durch Erdgas als einer im Verhältnis zu anderen fossilen Energieträgern „saubereren" Energiequelle dringend geboten. Tatsächlich stagniert die globale Kohleförderung seit 2013 oder ist zeitweilig sogar schwach rückläufig (2016: 6,69 Mrd. t; 2018: 7,08 Mrd. t). Vor allen in den USA vermindern die niedrigen Preise des mittels Fracking geförderten Gases die Rentabilität des dortigen Kohlebergbaus. Trotz der politischen Unterstützung der US-Regierung unter Präsident Trump für die Kohleindustrie geht die Förderung dort stark zurück (2008: 994 Mio t; 2016: 594 Mio t), mit den schon dargelegten positiven Auswirkungen auf die CO_2-Bilanz der USA (Abb. 5.12). In Indien dagegen stieg die Kohleförderung im selben

Zeitraum weiterhin von 451 Mio. t (2008) auf 662 Mio. t (2016) deutlich an.

Wenig diskutiert wird im Zusammenhang mit der Energiewende die nicht-energetische Nutzung der Steinkohle, vor allem ihr Einsatz als Koks bei der Verhüttung von Eisenerz. Weltweit beträgt der Anteil der Kokskohle („Fettkohle") etwa 13 % der Kohleförderung, in Deutschland erreichte er bis zu 30 %. Da Kokskohle deutlich höhere Preise erzielt als Kesselkohle, stellt die Kokskohlenförderung einen wesentlichen wirtschaftlichen Aspekt für die Kohleproduzenten dar. Bislang ist noch kein praktisch einsetzbares Verfahren bekannt, durch das großtechnisch und zu wirtschaftlichen Bedingungen auf den Einsatz von Koks oder Kohle als Reduktionsmittel bei der Roheisenerzeugung im Hochofen verzichtet werden kann. Das zur Diskussion stehende Verfahren der Wasserstoffdirektreduktion benötigt erhebliche Wasserstoffmengen, deren Erzeugung wiederum sehr große Mengen an elektrischer Energie erfordert. Ob dieser Energiebedarf für die weltweite Eisen- und Stahlindustrie in absehbarer Zukunft durch regenerative Quellen bereitgestellt werden kann, ist nach dem Vorstehenden eher zu bezweifeln. Allein schon für die metallurgische Nutzung ist daher auch weiterhin die Gewinnung von Steinkohle notwendig.

Zur Realisierung der Energiewende sind auf jeden Fall leistungsfähige Energiespeichermedien, gleich welcher Art, unabdingbar, die die Volatilität der Windkraft- und Solaranlagen und die zeitlichen Disharmonien zwischen Angebot und Nachfrage nach elektrischer Energie ausgleichen. Ihre Entwicklung und Realisierung im Großmaßstab werden mit Sicherheit zur Nachfrage nach neuen Georessourcen führen. Solange derartige Speicher aber nicht in ausreichendem Maße zur Verfügung stehen, müssen die Differenzen zwischen dem Strombedarf und der Produktion von Wind- und Solarstrom durch gegenläufig gesteuerte konventionelle Kraftwerke, vorzugsweise auf Gasbasis, gepuffert werden. Die intensiven technischen und politischen Aktivitäten in Hinblick auf die europäische Gasversorgung (z. B. North-Stream-Pipelines, Turk-Stream-Pipeline, Trans-Balkan-Pipeline; EastMed-Pipeline-Projekt; Bau von Flüssiggasterminals) zeigen, dass auch die politischen und wirtschaftlichen Entscheidungsträger von einem längerfristig hohen Gasbedarf in Europa ausgehen.

6.5 Politische Unsicherheiten der Rohstoffversorgung

Trotz der geologisch guten Vorratslage bestehen bei einigen Rohstoffen aber Unsicherheiten bezüglich der Versorgungsstabilität. Sie basieren vorwiegend auf ökonomischen und politischen Risiken. Bei einigen Rohstoffen, z. B. den Seltenen Erden, haben sich auf der Anbieterseite starke Konzentrationen oder Monopolstellungen entwickelt, die sich negativ auf den Welthandel auswirken können. Wie die Erfahrung der Ölkrisen der 1970er Jahre gezeigt hat, kann ein Überreizen einer Monopolstellung aber auch in das Gegenteil umschlagen. Die als politische Waffe eingesetzte Lieferverknappung durch die damaligen, vorwiegend arabischen Hauptförderländer führte unmittelbar zur Entwicklung der Offshore-Ölfelder in der Nordsee und im Golf von Mexiko. Dadurch verloren die arabischen Staaten langfristig ihre Monopolposition.

Die Entdeckung der sehr hochgradigen Eisenerzvorkommen der Banded-Iron-Formation z. B. in Australien und Brasilien führte zu einer Konzentration des Eisenerzbergbaus auf derartige Lagerstätten, während andere Lagerstättentypen unwirtschaftlich wurden.

Andere Rohstoffe, z. B. Kobalterze in der Demokratischen Republik Kongo, werden in politisch instabilen Regionen gefördert, was Risiken der Versorgungssicherheit bedingt.

Es wurden Kriterien entwickelt, die diese Unsicherheiten darstellen können. Der sogenannte Herfindahl-Hirschmann-Index (HHI) ist ein Maß für *Marktkonzentrationen* in bestimmten Ländern. Für das politische Risiko wird die Maßzahl des *gewichteten Länderrisikos* (GLR) benutzt. Dabei werden Daten der Weltbank über die relative Stabilität von Staaten und deren Anteil an der Förderung eines bestimmten Rohstoffs berücksichtigt (DERA 2016). Nach diesem Ansatz bestehen für eine Anzahl von Rohstoffen tatsächlich Unsicherheiten bezüglich einer stabilen Versorgung, entweder weil sich eine Monopolstellung ergibt und/oder sich die Produktion in instabil eingeschätzten Ländern konzentriert (Abb. 6.4). Von Scholz und Wellmer (2013) werden die Unsicherheiten der diesen Darstellungen zu Grunde liegenden Daten und der sich daraus ergebenden Folgerungen diskutiert.

Diese Unsicherheiten und die zeitweilig stark schwankende Nachfrage nach Rohstoffen können unabhängig von der grundsätzlich entspannten Vorratssituation auch zu zeitweiligen Versorgungsengpässen und deutlichen Preissteigerungen auf dem Weltmarkt führen.

Sollte es bei bestimmten Rohstoffen zu Versorgungsengpässen kommen, werden diese erfahrungsgemäß aber durch das Auftreten neuer Anbieter in relativ kurzer Zeit ausgeglichen. Besonders deutlich wird diese Flexibilität der Rohstoffmärkte beim Erdöl. Die nach wie vor anhaltenden oder sich sogar verschärfenden politischen Unsicherheiten und Produktionsausfälle in vielen Fördergebieten (Mittlerer Osten, Libyen, Venezuela) der letzten Jahre wirken sich bislang kaum auf den Weltmarktpreis für Erdöl aus.

Auch für die rohstoffproduzierenden Länder sind Schwankungen der Weltmarktpreise sehr problematisch, besonders dann, wenn die jeweilige

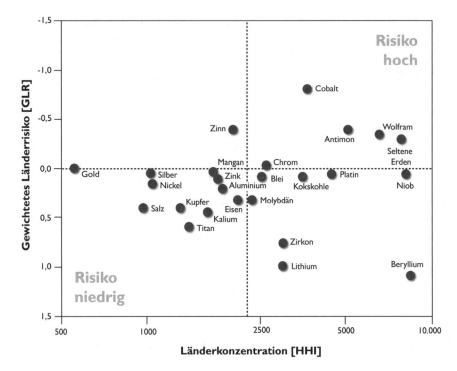

Abb. 6.4 Länderkonzentration und -risiko für ausgesuchte Rohstoffe (verändert nach Scholz und Wellmer 2013; DERA 2016)

Volkswirtschaft vom Export nur eines oder weniger Rohstoffe dominiert wird. Ein Preisverfall kann dann dramatische Folgen für den Staatshaushalt haben, weshalb sich viele dieser Länder (z. B. Saudi-Arabien) mittlerweile um eine Diversifizierung ihrer Wirtschaften bemühen (Abschn. 8.4).

6.6   Langfristige Trends

Die Auswirkungen der dargestellten Markt- und Regelungsprozesse lassen sich mit einem Blick auf die heutige Vorratssituation der in Tab. 5.1 genannten, nach der Einschätzung der Club-of-Rome-Studie besonders knappen Metallerze verdeutlichen. Sie hat sich in den vergangenen 40 bis 50 Jahren völlig anders entwickelt, als seinerzeit prognostiziert wurde (Tab. 6.1):

Außer für Blei haben sich demnach trotz fortschreitenden Abbaus und steigender Nachfrage die Weltvorräte dieser Metalle in den letzten 50 Jahren

Tab. 6.1 Entwicklung der Vorratssituation ausgewählter Metalle

Vorräte	1970 (Meadows 1972)	2012–2019	Steigerungsrate
Gold	11.000 t	51.000 t (USGS 2019)	4,6
Quecksilber	3.340 000 FL	Keine Daten verfügbar[a]	–
Silber	170.000 t	560.000 t (USGS 2019)	3,3
Kupfer	308 Mio. t	635 Mio. t (BGR 2012b)	2,1
Zink	123 Mio. t	251,5 Mio. t (BGR 2015)	2,0
Aluminium	1170 Mio. t	29.240 Mio. t (BGR 2013)	25
Zinn	4,35 Mio. t	5,2 Mio. t (BGR 2012c)	1,2
Blei	91 Mio. t	88,2 Mio. t (BGR 2018a)	0,96
Molybdän	4,95 Mio. t	17 Mio. t (USGS 2019)	3,43

[a]Nach dem 2017 in Kraft getretenen Minamata-Übereinkommen dürfen neue Quecksilberbergwerke nicht mehr errichtet und bestehende müssen bis 2032 geschlossen werden

erheblich vergrößert, meist mindestens verdoppelt. Gerade bei Blei erfolgt ein starker Einsatz von Recyclingmaterialien. Einer weltweiten Bergwerksproduktion von gut 3 Mio. t/a steht eine Produktion von 8 Mio. t/a aus Recyclingmaterial gegenüber, so dass hier der Anreiz zur Erschließung neuer Lagerstätten nachlässt. Für Zinn befürchtete die Deutsche Rohstoffagentur (DERA 2014) eine zukünftige Verschlechterung der Vorratslage, da ab dem Jahr 2018 mit einer deutlich zurückgehenden Zinnproduktion in Indonesien, dem größten Zinnproduzenten, gerechnet wird, aber im Zeitraum bis zum Jahr 2020 weltweit nur wenig neue Zinnbergbauprojekte in Produktion gehen werden.

Wie schon dargelegt wurde, wachsen auch bei den Energierohstoffen die Vorräte schneller als der Verbrauch:

Die Erdöl- und Erdgasmärkte sind überversorgt. Statt zur geologischen Verfügbarkeit stehen Fragen zu Produktionskürzungen und zum Abbau von Erdölbeständen im Vordergrund. (BGR 2017b).

Mittlerweile macht sich geradezu eine gewisse Ratlosigkeit breit, da für das in den USA geförderte Erdgas derzeit nicht in ausreichendem Maß Absatzmärkte vorhanden sind. (Fleckenstein 2019).

Die Entwicklung des Rohölpreises ist bekanntlich erheblichen Schwankungen unterworfen (Abb. 6.5).

Tatsächlich liegt der Preisentwicklung aber ein genereller Trend der minimalen Preise zu Grunde, der mit einem Anstieg von 4 % (schwarze Linie in Abb. 6.5) in etwa die langfristige Inflationsrate des US-Dollars zwischen ca. 3,5 und 4,8 % widerspiegelt. Der durch das Ausscheren

$ / Barrel

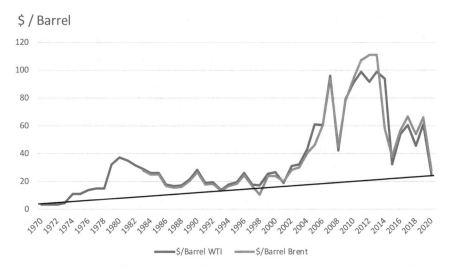

$/Barrel WTI ━━━ $/Barrel Brent

Abb. 6.5 Entwicklung des Rohölpreises (WTI – USA; Brent – Nordsee) im Zeitraum 1970 bis März 2020 (1970–2019 Jahresschlusswerte), verglichen mit der langjährigen durchschnittlichen Inflationsrate des US-$. (Datenquelle: New York Mercantile Exchange NYMEX)

Russlands aus den Kartellabsprachen mit der Organisation der erdölexportierenden Staaten (OPEC) und anderen Förderländern verursachte, überraschende Absturz des Ölpreises auf Werte unter 30 $/Barrel Anfang des Jahres 2020 (kurz vor der Corona-Krise) hat also möglicherweise den Preis des Erdöls lediglich auf seinen kartellunabhängigen, marktwirtschaftlichen Minimalwert, d. h. die realen Förderkosten, zurückgeführt. Der dann von der Corona-Krise ausgelöste massive Nachfrageeinbruch ließ sich auch durch eine kurzfristig von der OPEC und anderen wichtigen Förderländern gemeinsam beschlossene Förderkürzung um 10 % nicht ausgleichen, so dass der Ölpreis zeitweilig auf Werte um 20 $ zurückging. Fällige Terminkontrakte führten dann in den USA kurzfristig sogar zu negativen Ölpreisen für die Ölsorte WTI, da es für die längerfristig vereinbarten Öllieferungen keine Abnehmer mehr gab.

Die Ausschläge der Preiskurve sind daher überwiegend mit politischen Ereignissen und den daran geknüpften Finanzspekulationen und energiepolitischen Interventionen zu erklären. Die Interessen der großen ölfördernden Staaten divergieren erheblich: In Saudi-Arabien und Russland wird die Ölförderung von weitgehend staatlichen Betrieben durchgeführt und dient unmittelbar der Finanzierung des jeweiligen Staatshaushalts. Dabei sind die Haushalts- und Wirtschaftsstrukturen der beiden Länder völlig unterschiedlich. In den USA existiert dagegen eine Vielzahl privater und miteinander konkurrierender Förderunternehmen. Gleichwohl streben die Ölförderländer von jeher durch Absprachen von Förderquoten und Preisen vor allem innerhalb der OPEC oder an diese angelehnt eine Marktbeherrschung an (Yamani 1988). Je mehr bedeutende Förderländer sich diesem Kartell entziehen, wie es Anfang 2020 Russland machte, desto volatiler werden die Rohölpreise. Nach den Preissteigerungen der ersten Ölkrise 1973 sowie den durch die Revolution im Iran 1979 und den Ersten Golfkrieg ausgelösten weiteren Preissteigerungen folgte eine Phase von 20 Jahren bis 2001, in welcher der Erdölpreis generell fiel, unabhängig von einzelnen, im Wesentlichen durch politische Ereignisse im Mittleren Osten (z. B. Zweiter Golfkrieg 1990/1991) bedingten Schwankungen, und sich der langjährigen Minimaltrendlinie annäherte. Nach 2001 führten die extrem ansteigende Nachfrage aus China, hervorgerufen vor allem auch durch die Zunahme der privaten Motorisierung, und die Auswirkungen des Hurrikans Katrina 2005, durch den die Erdölindustrie der USA erheblich beeinträchtigt wurde, zu einem starken Preisanstieg, der mit 147 $/Barrel im Juli 2008 seinen Höchststand erreichte. Die Hochpreisphase hielt – kurzfristig unterbrochen durch die Finanzkrise 2008 – bis ca. 2012 an. Seitdem geht der Ölpreis, wenn auch weiterhin stark schwankend, stark zurück, was zu einem erheblichen Teil auf die Ausweitung der unkonventionellen Erdölförderung in den USA (Schieferöl) und Kanada (Ölsande) und den weltweiten Ausbau der erneuerbaren Energien bei der Stromerzeugung zurückzuführen ist (Abschn. 5.2.2). Inflationsbereinigt liegt der heutige Rohölpreis (März 2020) von ca. 24–30 $/Barrel in etwa auf dem Preisniveau von 1948 (2,57 $/Barrel; inflationsbereinigt 27,24 $/Barrel) bzw. 1970 (3,56 $/Barrel; inflationsbereinigt 26,10 $/Barrel) (Dow Jones 2020). Daraus ist zu schließen, dass die zeitweilig starken Preisanstiege für Rohöl von einer steigenden Nachfrageseite herrühren, auf die das weitgehend stabile Kartell der Ölförderer mit hohen Preisen reagieren konnte, obwohl kein Mangel an Öl bestand. Die reinen Förderkosten einschließlich der Explorationskosten werden je nach Lagerstätte auf maximal 15–30 $/Barrel geschätzt (Karl 2010). Sie deuten nicht auf eine reale Verknappung des Angebots hin. Aus der Preisentwicklung des Rohöls ergeben sich somit keine Hinweise auf eine Peak-Oil-Situation, wie sie die Energy Watch Group für das Jahr 2006 erkannt haben wollte (Schindler und Zittel 2008). Sie prognostizierten einen Rückgang der Welt-Erdölförderung um jährlich 3 % von damals 81 Mio. Barrel/Tag auf 58 Mio. Barrel/Tag für das Jahr 2020. Tatsächlich stieg die Ölförderung bis 2019 auf rund 99 Mio. Barrel/Tag weiter an, zugleich ist der Ölpreis in diesem Zeitraum aber deutlich gefallen (Abb. 5.4). Die noch 2014 vielfach geäußerte Erwartung, das „Zeitalter billigen Erdöls" oder gar „das Zeitalter des Erdöls" seien vorüber (BPB 2006) und die Erdölpreise würden tendenziell weiter steigen (Miller und

Sorrell (2014)) hat sich nicht bewahrheitet. Die Bundesanstalt für Geowissen-schaften und Rohstoffe (BGR 2019) sieht allerdings die Gefahr, dass, ausgelöst durch die sinkenden Ölpreise, die Exploration und Entwicklung von Vor-kommen so weit zurückgefahren werden, dass mittelfristig bei einer stärkeren Nachfrage Lieferengpässe auftreten könnten.

Die auf Malthus (1798) zurückgehende Annahme, dass es bei einem starken Bevölkerungswachstum zu einer proportional zunehmenden Roh-stoffnachfrage und damit zwangsläufig zu einer Verknappung der Roh-stoffe und damit zu steigenden Rohstoffpreisen und in der Folge zu massiven Versorgungskrisen kommen würde, wurde in den USA von Paul R. Ehrlich (1968), in der Club-of-Rome-Studie (Meadows 1972) und – wie beschrieben – in Deutschland z. B. von Herbert Gruhl (1975) oder Hoimar von Ditfurth (1984) wieder aufgegriffen. Diese Annahme ist aber nach den Erfahrungen der Vergangenheit unzutreffend. Trotz des Bevölkerungs-wachstums ging für manche Rohstoffe (z. B. Feuerstein, Asbest, Quecksilber, Kohle und Eisenerz in Europa) die Nachfrage aus den unterschiedlichsten Gründen im Laufe der Zeit deutlich zurück, während sie bei anderen (z. B. bei den meisten Metallen) überproportional wächst.

Während z. B. Ehrlich massive Versorgungsprobleme schon in den 1970er und 1980er Jahren des 20. Jahrhunderts prognostizierte, sind trotz des Bevölkerungswachstums der Lebensstandard und die Lebenserwartung global gesehen insgesamt gestiegen – wenn auch mit starken regionalen Unterschieden. Eine einfache (negative) Relation zwischen Bevölkerungs-wachstum und Lebensstandard besteht auf der Welt nicht. Das größte Bevölkerungswachstum findet sich in den reichen Ölländern des Mittleren Ostens, das geringste in Ost- und Südosteuropa.

Über lange Zeiträume betrachtet, sind die Rohstoffpreise – unabhängig von kurzfristigen Schwankungen – relativ zur allgemeinen Preisent-wicklung und meist auch in absoluten Werten generell gesunken. Der relative Wert von Metallen war im Mittelalter und in der frühen Neuzeit viel höher als heute, Glas war eine Kostbarkeit, und Steinhäuser konnten sich nur Patrizier oder der Adel leisten – trotz geringerer und langsamer wachsender Bevölkerungszahlen. Der Besitz einer einzigen Lagerstätte, des Rammelsbergs in Goslar, war trotz der seinerzeit sehr geringen Produktions-mengen im Mittelalter so bedeutend, dass es darüber im Jahr 1176 zwischen Kaiser Friedrich I. und dem Welfenherzog Heinrich dem Löwen zu einer Auseinandersetzung von europäischer Tragweite kam.

Steinsalz gehört schon seit prähistorischer Zeit zu den wichtigsten und wertvollsten Bodenschätzen. Salzvorkommen, meist in Form von Sol-quellen, und der Salzhandel begründeten im Mittelalter den Reichtum von Städten, Kaufmannsgeschlechtern und Herrschaftshäusern. Der untertägige Steinsalzbergbau im österreichischen Salzkammergut geht bis in prähistorische Zeiten zurück und erlebte in Hallstatt eine erste Blüte schon in der Bronze- und Eisenzeit (Hallstatt-Kultur). In der Barockzeit bildeten die Erträge der dortigen Salzwerke eine wesentliche Grundlage für den Ausbau der fürstbischöflichen Residenzstadt Salzburg (Kern et al. 2008). Früher unentbehrlich vor allem als Konservierungsmittel für Fleisch und Fisch und deshalb als „weißes Gold" hochgeschätzt, ist es heute ein in großen Mengen produzierter kostengünstiger Chemierohstoff. Speise- oder Auftausalz für Straßen sind allgemein verbreitete Billigprodukte.

Noch im 19. Jahrhundert stellten eiserne Gerätschaften Wertgegenstände dar. Als 1840 die Schiefergrube von Lautenthal im Harz ihren Betrieb einstellte, wurde über den Verbleib des eisernen Werkzeugs genau Buch geführt. Die Werkzeuge wurden gewogen und nach ihrem Metallwert bilanziert, der offenbar wichtiger war als der Nutzwert der Gerätschaften (Wrede 1998).

Die durch die rein händische Arbeit erzwungenen geringen Fördermengen der einzelnen Rohstoffe und vor allem auch die unzureichenden

Abb. 6.6 Abbautechnik im 16. Jahrhundert (Agricola 1557): Erzgewinnung mit Schlägel und Eisen; Bewetterung durch Schwenken von Tüchern (Reproduktion: Montanhistorisches Dokumentationszentrum (montan.dok) beim Deutschen Bergbau-Museum Bochum)

Verkehrsverhältnisse, die den Transport von Massengütern stark erschwerten, waren für die Knappheit der Bergbaurohstoffe und die hohen Rohstoffpreise im Mittelalter verantwortlich (Abb. 6.6). Im Mittelalter und der frühen Neuzeit war nicht der Umfang einer Lagerstätte in erster Linie entscheidend für den Abbau, sondern ihre Zugänglichkeit und Gewinnbarkeit (Bartels und Klappauf 2012). Auch die häufig zu entrichtenden Wegezölle und die bis zur Gründung des Deutschen Zollvereins 1834 wirksamen Territorialgrenzen behinderten die Rohstoffversorgung.

Der Fortschritt der Technik, z. B. die Einführung der Sprengtechnik mit Schwarzpulver, die Entwicklung von immer wirkungsvolleren Förder- und Aufbereitungstechniken sowie die Verbesserung der Wasserpumpanlagen, führten dann zu immer leistungsfähigeren Bergwerken. Der Ausbau der Verkehrswege, besonders der Eisenbahn, hat dem Bergbau im 19. Jahrhundert überregionale Absatzmärkte erschlossen (Abb. 6.7).

Die Rohstoffsuche war bis in das 20. Jahrhundert hinein stark von Zufallsentdeckungen und dem subjektiven Erfahrungsschatz der Prospektoren geprägt. Die Wünschelrute galt lange Zeit als wirksames Prospektionswerkzeug. Ansonsten führte genaue Naturbeobachtung über indirekte Indizien, z. B. das Vorkommen von Pfadfindermineralien wie

Abb. 6.7 Abbautechnik im Steinkohlebergbau am Ende des 20. Jahrhunderts: Schneidende Gewinnung mit Walzenschrämlader und Kettenförderer. (Foto: RAG Deutsche Steinkohle AG)

Gangquarzbrocken, fehlende Vegetation auf den Ausbissen sulfidischer Erz-vorkommen, spezifischer Pflanzenwuchs (Schwermetallfloren), Bodenver-färbungen durch eisenhaltige Mineralien oder Kohle und Auffälligkeiten des Quellwassers, zur Entdeckung möglicherweise nutzbarer Mineralvor-kommen. Deren Existenz und Umfang ließen sich nur durch aufwändige Schürfe und Suchstollen verifizieren (Abb. 6.8). Das zunehmende Ver-ständnis der geologischen und geochemischen Prozesse, durch die es zur Anreicherung von Mineralien in der Erdkruste und die Entstehung von Lagerstätten kommt, bildet erst seit dem 20. Jahrhundert die wissenschaft-liche Basis für eine gezielte und erfolgreiche Exploration nach bestimmten Rohstoffen. Vor allem geophysikalische, geochemische und andere geo-logische Verfahren helfen bei der gezielten Suche nach Lagerstätten. Moderne Bohrtechniken sind heute effektive Werkzeuge bei der Rohstoff-suche (Abb. 6.9 und 6.10). Sie erreichen Tiefen von etlichen Kilometern, können bei Bedarf gezielt abgelenkt oder in der Tiefe in mehrere Bohr-stränge aufgefächert werden. Die Bohrungen liefern nicht nur Proben-

Abb. 6.8 Erzprospektion im 16. Jahrhundert (Agricola 1557). (Reproduktion: Montanhistorisches Dokumentationszentrum (montan.dok) beim Deutschen Berg-bau-Museum Bochum)

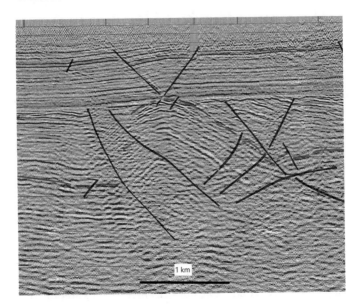

Abb. 6.9 Auswertung einer 2-D-Seismik im Ruhrkarbon – Querschnitt durch eine gestörte Faltenstruktur in den kohleführenden Schichten des Oberkarbons mit überlagerndem, flach lagerndem Deckgebirge (mit freundlicher Genehmigung Geologischer Dienst NRW)

Abb. 6.10 Erdgaserkundungsbohrung im Münsterland (2016)

material, sondern erlauben es auch, innerhalb des Bohrlochs weitere geophysikalische Untersuchungen des Gesteins vorzunehmen.

Der Ausbau des Verkehrsnetzes war ein entscheidender Faktor für die Entwicklung der Absatzmöglichkeiten des Bergbaus und der Steinbrüche. Bis in die Neuzeit hinein waren die Transportkapazitäten auf die Verfügbarkeit von Tragtieren oder Fuhrwerken auf schlechten Wegen beschränkt. Der Ausbau von Wasserwegen wie der Ruhr (Abschn. 4.2; Fessner 1998), aber auch von kleineren Flüssen konnte das Transportproblem nur teilweise lösen. So wurden im 16. Jahrhundert komplizierte Vorkehrungen getroffen, um die Oker im Harzvorland für den Transport der Bruchsteine, die für den Bau des Residenzschlosses der Herzöge von Braunschweig-Wolfenbüttel benötigt wurden, nutzbar zu machen (Spies 1992). Erst der Bau des Eisenbahnnetzes im 19. Jahrhundert löste dann das Transportproblem für die Bergbaurohstoffe grundlegend. Dass die Lokomotiven selbst auch noch Kohle als Energiequelle benötigten, war ein zusätzlicher Vorteil für den Steinkohlebergbau. Die Entwicklung der Binnen- und Seeschifffahrt für Massengüter ermöglicht darüber hinaus heute einen globalen Rohstoffhandel zu vergleichsweise geringen Kosten.

Durch den Schritt zum industriellen Bergbau im 19. Jahrhundert und die nachfolgend im 20. Jahrhundert entwickelten modernen Explorations- und Bergbautechniken konnten die Fördermengen extrem vervielfacht werden.

Abb. 6.11 Braunkohlebergbau im Rheinischen Revier um 1880, Jahresförderung ca. 170.000 m³ (200.000 t) (mit freundlicher Genehmigung Sammlung H. Ernzner, Brühl)

Abb. 6.12 Aktueller Braunkohlebergbau, Tagesförderung eines Baggers bis 240.000 m³

Betrug die gesamte Förderung des Rheinischen Braunkohlereviers im Jahr 1861 knapp 160.00 t (Heusler 1897; Abb. 6.11), so wird diese Leistung heute von einem Großbagger im Rheinischen Revier in weniger als einem Tag erbracht (Abb. 6.12). Die Bleiproduktion der Hüttenwerke von Clausthal im Harz hat sich von 1567 (ca. 52,6 t) bis 1867 (5663 t) verhundertfacht (Bartels 1992) und bis ins letzte Betriebsjahr 1967 (ca. 65.000 t) mehr als vertausendfacht. Im Zeitraum von 1550 bis heute ist die Bevölkerungszahl in Deutschland von ca. 12 Mio. auf 80 Mio. gestiegen, d. h., sie ist lediglich auf das 6,5-Fache angestiegen. Die Rohstoffproduktion hat also auch in diesem Fall nicht nur mit dem Bevölkerungswachstum Schritt gehalten, sondern ist wesentlich stärker gewachsen als die Bevölkerungszahl. Daraus folgt, dass sich die Rohstoffverfügbarkeit für die Bevölkerung langfristig stetig vergrößert und damit die Preise sinken.

J. L. Simon (1996) stellte die Bedeutung des Rohstoffpreises als Maß für die Knappheit eines Rohstoffs heraus. Hohe Preise deuten auf eine relative Knappheit in Relation zur Nachfrage hin, niedrige Preise auf ein reichliches Angebot. Um die Rohstoffpreise über längere Zeiträume vergleichen zu können, setzt er sie in Relation zu den jeweiligen Arbeitslöhnen. Nach dieser Betrachtungsweise sind die Preise der meisten Rohstoffe im Zeitraum von 1800 bis 1990 generell gesunken. Offenbar hat sich das Rohstoffangebot in dieser Zeit – trotz steigender Nachfrage – immer mehr vergrößert. Im Jahr 1980 bot Simon dem schon genannten Autor des 1968 erschienenen Buches *The Population Bomb*, Paul Ehrlich, eine berühmt gewordene Wette an (Rempe 2010). Es ging darum, ob die Preise von fünf Rohstoffen nach Ehrlichs Wahl innerhalb der nächsten zehn Jahre steigen oder fallen würden. Ausgehend von einem Wert des Warenkorbs von 1000 $ im Jahr 1980 sollte der Verlierer der Wette die Preisdifferenz im Jahr 1990 zahlen. Ehrlich, der mit einer Verknappung der Rohstoffe und stark steigenden Rohstoffpreisen rechnete, ließ sich auf die Wette ein. Er wählte die Metalle Kupfer, Wolfram, Chrom, Zinn und Nickel. Am Ende der zehnjährigen Periode, im Jahr 1990, war der gemittelte Preis dieser Metalle um gut 57 % gefallen, so dass Ehrlich eine Summe von 576 $ an Simon zahlen musste. Obwohl bei dieser Wette sicherlich auch der Zufall des günstigen Zeitpunkts eine Rolle spielte, zeigt sie doch eindrucksvoll, dass die immer wieder vorgebrachten pessimistischen Zukunftsprognosen bezüglich der Rohstoffversorgung wenig begründet sind.

Im Gegensatz zu immer wieder geäußerten anders lautenden Statements und pessimistischen Erwartungen (z. B. UBA 2019; Kap. 1) sind trotz der hohen Förderraten aus rohstoffgeologischer Sicht Metallerze, Energierohstoffe und Industrieminerale auch langfristig nicht knapp. Die Vergangenheit hat gezeigt, dass eher ein Rohstoffüberangebot entsteht und damit die Rohstoffpreise real fallen, als dass ein Rohstoffmangel zu beobachten wäre (DERA 2019). Dies ist für die Verbraucherländer, z. B. Deutschland, auf den ersten Blick positiv; für die Produzenten und potentiellen Produzenten ist dieser langfristige Trend aber durchaus problematisch, da er zu geringeren Erlösen führt.

Auch Deutschland war bis zur zweiten Hälfte des 20. Jahrhunderts für Steinkohle, für Buntmetall- und Eisenerze, für Kali- und Steinsalz und verschiedene Industrieminerale ein bedeutendes Bergbauland. Sein „Reichtum an armen Lagerstätten" (Friedrich 1953)[4] konnte in Kombination mit einem relativ hohen Lohn- und Kostenniveau der Konkurrenz der weltweiten Großvorkommen und den langfristig sinkenden Weltmarktpreisen aber nicht standhalten. Von den rund 250 Steinkohle-, Eisenerz- und Nichteisen-Metallerzbergwerken, die noch Anfang der 1950er Jahre in

---

[4]Friedrich prägte diesen Begriff ursprünglich auf Österreich bezogen.

der Bundesrepublik existierten, ist nur die Eisenerzgrube „Wohlverwahrt-Nammen" in Porta Westfalica bei Minden noch in Betrieb (Abb. 6.13). Nur wenige der stillgelegten Lagerstätten (Rammelsberg bei Goslar, Meggen im Sauerland) sind aber wirklich erschöpft; vielmehr sind an vielen Stellen noch beträchtliche Vorräte vorhanden. Als Grund für die Bergwerksschließungen werden stattdessen fast immer die fallenden Rohstoffpreise auf dem Weltmarkt genannt.

In noch viel stärkerem Maße und sehr kurzfristig traf diese Entwicklung den Bergbau der ehemaligen DDR, als er nach der politischen Wende 1989/1990 erstmalig einer marktwirtschaftlichen Konkurrenz ausgesetzt wurde. Hier existierten zur Zeit der politischen Wende noch sechs Erz- bzw. Schwefelkiesbergwerke, 14 Stein- und Kalisalzgruben, der sehr umfangreiche Uranerzbergbau mit zahlreichen Betriebsstätten vor allem im Erzgebirge und Erzgebirgsvorland und einige Fluss- und Schwerspatbergwerke. Die DDR war der drittgrößte Produzent von Kalidünger weltweit und nach der UdSSR, den USA und Kanada der viertgrößte Produzent von Uranerz. Mit Ausnahme von fünf Salzbergwerken und wenigen Betrieben zur Gewinnung von Industriemineralen wie Flussspat oder Dolomit wurden sämtliche Betriebe nach der Wende stillgelegt, da sie zu deutlich höheren

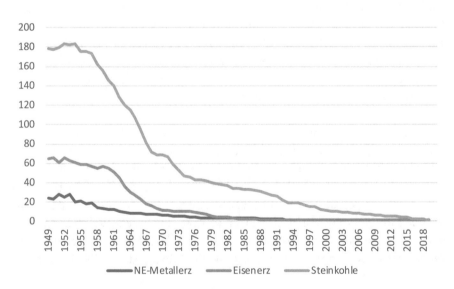

Abb. 6.13 Anzahl der Steinkohle-, Eisen- und Nichteisen- (NE-) Metallerzbergwerke in der Bundesrepublik (alte Bundesländer)

Kosten produzierten, als es dem Weltmarktniveau entsprach. Ihre Fördermengen konnten problemlos durch andere, kostengünstiger arbeitende Anbieter ersetzt werden. Dadurch ist ein einst wichtiger Wirtschaftszweig in ganz Deutschland zumindest partiell zum Erliegen gekommen, mit allen damit zusammenhängenden, auch sozialen Fragen. So waren in der Blütezeit des Bergbaus allein im westdeutschen Steinkohlebergbau 600.000 Menschen beschäftigt. Durch die Einstellung des Steinkohle- und Erzbergbaus und die Reduzierung des Salzbergbaus sind nicht nur viele Hunderttausend Arbeitsplätze im Bergbau selbst, sondern auch in der Zulieferindustrie weggefallen, und ganze Regionen mussten sich einem teilweise schmerzhaften Strukturwandel unterziehen. Heute spielen in Deutschland neben der Braunkohle (deren Abbau aus Gründen des Klimaschutzes bis 2038 terminiert wurde) noch der Kali- und Salzbergbau sowie die Gewinnung von Steine-und-Erden-Rohstoffen und Industriemineralen eine allerdings immer noch wichtige Rolle (BGR 2018b; Börner et al. 2012).

Auf dem Natursteinsektor verdrängen heute Importe vor allem aus China und Indien die heimischen Erzeugnisse. Die globale Produktion von Naturstein hat sich von 2000 (75 Mio t) bis 2017 (152 Mio. t) verdoppelt. Die deutsche Natursteinproduktion ist dagegen von ca. 850.000 t im Jahr 2005 auf 462.000 t im Jahr 2017 geschrumpft. Der Import von Natursteinrohmaterial nach Deutschland stieg von 225.000 t (2012) auf 427.000 t (2016). 2017 wurden 407.000 t Rohmaterial eingeführt. Zusätzlich werden erhebliche Mengen an Natursteinhalb- und -fertigprodukten (z. B. Fußbodenplatten, Grabsteine) importiert. China ist mit einer Produktion von 49 Mio. t der größte Produzent an Natursteinen weltweit, gefolgt von Indien (24,5 Mio. t) und der Türkei (12,2 Mio. t). Die Einfuhr von Granit aus China nach Deutschland hat sich von 2000 (38.000 t) bis 2014 (480.000 t) verzwölffacht. Trotz der Transportkosten werden chinesische Natursteine teilweise zu nur etwa dem halben Preis wie vergleichbare europäische Produkte angeboten (Markt Naturstein 2017; Naturstein online 2019; BGR 2018b). Hier stellt sich eindeutig die Frage nach den Arbeits- und Lohnbedingungen der Arbeiter, die das Steinbruchmaterial in Asien produzieren.

Für Staaten, insbesondere Entwicklungsländer, die über bisher ungenutzte Rohstoffvorkommen verfügen, ist das gegenwärtige Überangebot an Rohstoffen extrem schädlich. Es finden sich kaum Investoren, die bereit sind, die Vorkommen zu erschließen und wenn, dann nur zu politisch problematischen Bedingungen.

Die sehr langfristig angelegten chinesischen Investments, vor allem in Afrika, begründen Abhängigkeitsverhältnisse zwischen den beteiligten

Abb. 6.14 Eisenerzgrube Bong Mine, Liberia (1978)

Staaten, durch die die politischen Handlungsspielräume der Rohstoffländer in der Zukunft immer stärker eingeengt werden könnten.

Liberia war bis zum Ausbruch des Bürgerkriegs im Jahr 1989 mit einer Jahresproduktion von bis über 20 Mio. t/a einer der größeren Eisenerzproduzenten weltweit (Schulze 1965; Hilsinger 1973; Abb. 6.14).

Während der bis 2003 anhaltenden Unruhen kam der Bergbau vollständig zum Erliegen, und die dazugehörige Infrastruktur wurde größtenteils zerstört. Seitdem fanden sich keine Geldgeber mehr, die bereit gewesen wären, in den Wiederaufbau der Gruben zu investieren, obwohl teilweise noch große Erzvorräte bekannt sind. Nur von chinesischen Unternehmen wurden bis 2015 in der Bong Range und 2016 in den Nimba-Bergen kleine Mengen von ca. 1,5 Mio. t Erz abgebaut.

Literatur

Abschlusserklärung G-7 Gipfel, 7.–8. Juni 2015: Arbeitsübersetzung. 27 S. Berlin. https://www.bundesregierung.de/Content/DE/_Anlagen/G8_G20/2015-06-08-g7-abschluss-deu.pdf?__blob=publicationFile&v=4. Zugegriffen: 6. Juni.2015.

AGEB (Arbeitsgemeinschaft Energiebilanzen e. V.). (2019). *Anwendungsbilanzen für die Endenergiesektoren in Deutschland in den Jahren 2013 bis 2017.* – 35 S.; Berlin.

Agricola, G. (1557). Vom Bergwerck. XII Bücher darin alle Empter/Instrument/ Gezeuge … beschrieben seindt, 1. deutsche Ausgabe, Basel.

Bartels, Chr., & Klappauf, L. (2012). Das Mittelalter. In Chr. Bartels & R. Slotta. (Hrsg.). (2012). *Geschichte des deutschen Bergbaus,* Bd. 1, 111–248; Münster.

Bartels, Chr. (1992). Vom frühneuzeitlichen Montangewerbe zur Bergbauindustrie. – Erzbergbau im Oberharz 1635–1866. – Veröff. aus dem Dt. Bergbaumus. Bochum, 54: 740 S.; Bochum.

BGR (Bundesanstalt für Geowissenschaften und Rohstoffe) (2012a). Abschätzung des Erdgaspotenzials aus dichten Tongesteinen (Schiefergas) in Deutschland. 56 S. Hannover.

BGR (Bundesanstalt für Geowissenschaften und Rohstoffe). (2012b). Rohstoff-wirtschaftliche Steckbriefe – Kupfer. 7 S. Hannover.

BGR (Bundesanstalt für Geowissenschaften und Rohstoffe). (2012c). Rohstoff-wirtschaftliche Steckbriefe – Zinn. 7 S. Hannover.

BGR (Bundesanstalt für Geowissenschaften und Rohstoffe). (2013). Rohstoff-wirtschaftliche Steckbriefe – Aluminium/Bauxit. 8 S. Hannover

BGR (Bundesanstalt für Geowissenschaften und Rohstoffe). (2015). Rohstoff-wirtschaftliche Steckbriefe – Zink. 7 S. Hannover

BGR (Bundesanstalt für Geowissenschaften und Rohstoffe). (2016). BGR (Bundes-anstalt für Geowissenschaften und Rohstoffe) (2016). Schieferöl und Schiefergas in Deutschland – Potenziale und Umweltaspekte. 197 S. + Anhang, Hannover.

BGR (Bundesanstalt für Geowissenschaften und Rohstoffe). (2017a). Heimische mineralische Rohstoffe – unverzichtbar für Deutschland. 80 S. Hannover.

BGR (Bundesanstalt für Geowissenschaften und Rohstoffe). (2017b). BGR Energiestudie 2017. Daten und Entwicklungen der deutschen und globalen Energieversorgung. 184 S. Hannover.

BGR (Bundesanstalt für Geowissenschaften und Rohstoffe). (2018a). Rohstoff-wirtschaftliche Steckbriefe – Blei. 7 S. Hannover.

BGR (Bundesanstalt für Geowissenschaften und Rohstoffe). (2018b). Deutschland – Rohstoffsituation 2017. 190 S. Hannover.

BGR (Bundesanstalt für Geowissenschaften und Rohstoffe). (2019). BGR Energie-studie 2018 – Daten und Fakten der deutschen und globalen Energieversorgung, 22: 178 S.; Hannover.

Birner, J., Fritzer, T., Jodocy, M., Savvatis, A., Schneider, M., & Stober, I. (2012): Hydraulische Eigenschaften des Malmaquifers im Süddeutschen Molassebecken und ihre Bedeutung für die geothermische Erschließung. *Z. geologische Wissenschaften, 40*(2–3), 133–156.

Blacksmith Institute. (2006). Worst polluted Places on Earth 2006. – Blacksmith Annual Report 2006; New York https://www.blacksmithinstitute.org/ docs/2006ar.pdf. Zugegriffen: 03. Jan. 2020.

BMWi (Bundesministerium für Wirtschaft und Energie). (2019). Kommission „Wachstum, Strukturwandel und Beschäftigung" – Abschlussbericht. 275 S. Berlin.

Börner, A., Bornhöft, E., Häfner, F., Hug-Diegel, N., Kleeberg, K., Mandl, J., Nestler, A., Poschlod, K., Röhling, S., Rosenberg, F., Schäfer, I., Stedingk, K., Thum, H., Werner, W., & Wetzel, E. (2012). Steine- und Erden-Rohstoffe in der Bundesrepublik Deutschland. – *Geol. Jb., SD* 10: 359 S.; Hannover.

BPB (Bundeszentrale für Politische Bildung). (2006). Das Ende des Ölzeitalters. https://www.bpb.de/politik/wirtschaft/wirtschaftspolitik/64300/das-ende-des-oelzeitalters. Zugegriffen: 12. Mai 2020.

Bringezu, S. (2016). Urban Mining gehört die Zukunft. – *Poltische Ökologie,* 144, 106–111. München

Buchert, M., Ustohalova, V., Mehlhart, G., Schulze, F., & Schöne, R. (2013). Landfill Mining – Option oder Fiktion? 46 S. Darmstadt (Öko-Institut).

Bundesverband Geothermie. (2020). Geothermie in Zahlen. – https://www.geothermie.de/geothermie/geothermie-in-zahlen.html. Zugegriffen: 17. Febr. 2020.

DERA (Deutsche Rohstoffagentur in der Bundesanstalt für Geowissenschaften). (2014). Zinn – Angebot und Nachfrage bis 2020. – *DERA Rohstoffinformationen,* 20: 255 S.; Berlin.

DERA (Deutsche Rohstoffagentur in der Bundesanstalt für Geowissenschaften) (2016). DERA Rohstoffliste 2016. – *DERA Rohstoffinformationen,* 32. 114 S., Berlin.

DERA (Deutsche Rohstoffagentur in der Bundesanstalt für Geowissenschaften). (2019). DERA-Rohstoffliste 2019. – *DERA-Rohstoffinformationen,* 40. 116 S. Berlin.

Ditfurth, H. von. (1984). Die mörderische Konsequenz des Mitleids. *Der Spiegel, 33,* 85–86.

Dow Jones & Company. (2020). Spot Oil Price: West Texas Intermediate, retrieved from FRED, Federal Reserve Bank of St. Louis. https://fred.stlouisfed.org/series/OILPRICE. Zugegriffen: 22. März 2020.

Ehrlich, P.R. (1968). *The Population Bomb*. 201 S. New York. Deutsche Ausgabe: 1971: *Die Bevölkerungsbombe*. 191 S. München.

Einig, K., & Zaspel-Heisters, B. (2014). Windenergieanlagen und Raumordnungsgebiete. *BBSR-Analysen kompakt, 01,* 20 S.

FAS (Frankfurter Allgemeine Sonntagszeitung). (2019). Wer hilft dem Klima? – Nr. 48 vom 01. Dezember 2019. Frankfurt a. M.

Fessner, M. (1998). Steinkohle und Salz. Der lange Weg zum industriellen Ruhrrevier. – *Veröff. aus dem Dt. Bergbaumus. Bochum, 73,* 458 S.; Bochum.

Flamme, S., Krämer, P., & Walter, G. (2011). Über die Kreislaufwirtschaft zum Urban Mining – von der Produktverantwortung zu einer integralen Rohstoffbewirtschaftung. – In: Flamme, S.; Gallenkemper, B.; Gellenbeck, K.; Rotter, S.; Kranert, M. & Nelles, M. (Hrsg.). 12. Münsteraner Abfallwirtschaftstage: 141–148; Münster.

Fleckenstein, M. (2019). Eine Industrie im Umbruch – Stimmungsbild von der Annual Convention der American Association of Petroleum Geologists (AAPG). *Gmit, 78,* 22–24.

Fraunhofer-Institut für System- und Innovationsforschung (ISI); Rheinisch-Westfälisches Institut für Wirtschaftsforschung (RWI Essen) & BGR (Bundesanstalt für Geowissenschaften und Rohstoffe). (2006). Trends der Angebots- und Nachfragesituation bei mineralischen Rohstoffen. – Kurzzusammenfassung des Endberichtes: 20 S.; Hannover.

Friedrich, G. (1953). Zur Erzlagerstättenkarte der Ostalpen. *Radex-Rundschau, 7/8,* 371–416.

GD NRW (Gelogischer Dienst Nordrhein-Westfalen). (2020). *DGE-ROLLOUT – Tiefe Geothermie für Nordwesteuropa; Krefeld.* https://www.gd.nrw.de/ew_pj_interreg-dge-rollout.htm. Zugegriffen: 15. Mai 2020.

Green Cross Switzerland/Pure Earth. (2016). *World's Worst Pollution Problems 2016: The Toxics Beneath Our Feet.* 29 S. New York. https://worstpolluted.org/docs/WorldsWorst2016Spreads.pdf. Zugegriffen: 03. Jan. 2020.

Gruhl, H. (1975). *Ein Planet wird geplündert. Die Schreckensbilanz unserer Politik.* 376 S. Frankfurt a. M.

Heusler, C. (1897) *Beschreibung des Bergreviers Brühl-Unkel und des Niederrheinischen Braunkohlenbeckens.* 239 S. Bonn.

Hilsinger, H.-H. (1973). Eisenerzminen in Liberia. Beispiele für bergwirtschaftliche Großbetriebe in den Tropen in technisch-geographischer Betrachtung. *Bochumer Geogr. Arb., 15,* 69–85

IAEA (International Atomic Energy Agency). (2020). Power Reactor Information System; Paris. https://pris.iaea.org/PRIS/. Zugegriffen: 01. März 2020.

IRIS (Incorporated Research Institutions for Seismology). (2016). *Impact of Wind Generators on the Global Seismographic Network.* 1 S. Washington D.C.

Kainer, F. (1950). *Die Kohlenwasserstoff-Synthese nach Fischer-Tropsch.* 291 S. Berlin, Heidelberg.

Karl, H.-D. (2010): Abschätzung der Förderkosten für Energierohstoffe. *ifo-Schnelldienst, 63*(2), 21–29.

Katzenberger, J., & Sudfeldt, Chr. (2019). Rotmilan und Windkraft. Negativer Zusammenhang zwischen Windenergieanlagendichte und Bestandtrends. *Der Falke, 11,* 12–15.

Kern, A., Kowarik, K., Rausch, A. W., & Reschreiter, H. (2008). Salz-Reich. 7000 Jahre Hallstatt. *Veröff. der Prähist. Abteilung, 2,* 240 S. Wien: Naturhist. Museum.

Kreislaufwirtschaft Bau. (2018). Mineralische Bauabfälle Monitoring 2016 – Bericht zum Aufkommen und Verbleib mineralischer Bauabfälle im Jahr 2016 16 S. Berlin.

Kümpel, H.-J. (2020). Hat Fracking Vorteile für den Klimaschutz? – *Gmit, 79,* 102–106; Bonn.

KWH-Preis.de (2011). Internet, PC und IT verursachen 10 Prozent des deutschen Stromverbrauchs; https://www.kwh-preis.de/green-it-25-kohlekraftwerke-fuer-internet-it. Zugegriffen: 11. Jan. 2020

Malthus, T. (1798). *An essay on the principle of population.* Reprint 1993. 208 S. Oxford.

Markt Naturstein. (2017). https://www.ebnermedia.de/fileadmin/user_upload/naturstein/Markt_Naturstein_Ebner_Verlag.pdf. Zugegriffen: 05. März 2020.

Martin-Amouroux, J.-M. (2013). Aufbruch ins 21. mit einer Energie aus dem 19. Jahrundert? – *Kohle.global:* 24–28; Essen.

Meadows, D. (1972). *Die Grenzen des Wachstums. – Bericht des Club-of-Rome zur Lage der Menschheit* (S. 180). Stuttgart.

Miller, R. G, & Sorrell, S. R. (2014). The future of oil supply. *Philosophical Transactions of the Royal Society A, 372,* https://doi.org/10.1098/rsta.2013.0179. Zugegriffen: 15. Mai 2020.

Mudd, G. M. (2010). The "Limits to Growth" and 'Finite' mineral resources: Revisiting the assumptions and drinking from that half-capacity glass. 4th International Conference on Sustainability, Engineering & Science: Transitions to Sustainability, 1–13. Auckland.

Müller, T. (2016). Geschichte schreiben. *Politische Ökologie, 144,* 144.

Naturstein online. (2019). https://www.natursteinonline.de/zeitschrift/wissen. Zugegriffen: 05. Dez. 2019.

NEA/IAEA (OECD Nuclear Energy Agency/Internatioal Atomic Energy Agency). (2016). Uranium 2016: Resources, production and demand. *NEA, 7301:* 546 S. Paris.

Poeschel, E. & Köhling, A. (1985). *Asbestersatzstoffkatalog. Bd. 1: Faser- und Füllstoffe.* 62 S. St. Augustin.

Pratt, W. E. (1952). Towards a philosophy of oil-finding. *AAPG-Bull., 36*(12), 2231–2236.

Preussag A. G. (1965). *1000 Jahre Harzer Erze und Metalle.* 28 S. Goslar.

Rempe, N. T. (2010). Anmerkungen zur Geschichte der Rohstoffprognose. – *SDGG 68 GeoDarmstadt, 2010,* 460–461.

Roeleke, M., Blohm, T., Kramer-Schadt, S., Yovel, Y., & Voigt, Chr. (2016). Habitat use of bats in relation to wind turbines revealed by GPS tracking. *Sci Rep* 6, 28961 (2016). https://doi.org/https://doi.org/10.1038/srep28961.

Ruch, C., & Wirsing, G. (2013). Erkundung und Sanierungsstrategien im Erdwärmesonden-Schadensfall Staufen i. Br. – *geotechnik, 36,* 147–159, Berlin.

Ruhrkohle AG; VEBA Oel AG & BMFT. (1988). *Kohleölanlage Bottrop. Abschlussbericht.* 165 S. Bottrop.

Schatto, M. (2017). Auswirkungen von zivilem Richtfunk auf Windenergieanlagen. – Blog ErneuerbareEnergien.NRW, 30.03.2017; EnergieAgentur. NRW, Düsseldorf. https://www.energieagentur.nrw/blogs/erneuerbare/beitraege/auswirkungen-von-zivilem-richtfunk-auf-windenergievorhaben/. Zugegriffen: 11. Dez. 2019.

Schindler, J., & Zittel, W. (2008). *Crude Oil – The Supply Outlook:* 102 S. Berlin: Energy Watch Group/Ludwig-Boelkow-Foundation.

Schmidt, S. (2013). Energierohstoff Kohle – Aktuelle Entwicklungen, Vorräte und Ausblick. – *Kohle.global.* 29–33; Essen.

Scholz, R., & Wellmer, F.-W. (2013). Approaching a dynamic view on the availability of mineral recourses: What we may learn from the case phosphorus? *Global Environmental Change, 23,* 11–27.

Schulze, W. (1965). Eisenerzbergbau in Liberia. – *Geogr. Rdsch.* 443–454, Stuttgart.

Simon, J. L. (1981). *The Ulitmate Rescource.* 434 S. Princeton.

Simon, J. L. (1996). *The Ulitmate Rescource 2.* 734 S. Princeton.

Spies, G. (1992). Technik der Steingewinnung und der Flußschiffahrt im Harzvorland in früher Neuzeit. *Braunschweiger Werkstücke, B14:* 189 S.; Braunschweig.

Stammler, K., & Ceranna, L. (2016). Influence of Wind Turbines on Seismic Records of the Gräfenberg Array. *Seismolgical Reaearch Letters, 87,* 1075–1081.

UBA (Umweltbundesamt). (2013). *Potenzial der Windenergie an Land.* 48 S. Dessau-Roßlau.

UBA (Umweltbundesamt). (2019). https://www.umweltbundesamt.de/daten/ressourcen-abfall/rohstoffe-als-ressource. Zugegriffen: 13. Nov. 2019.

USGS (United States Geological Survey). (2019). *Mineral Commodity Summaries.* 200 S. Reston Va.

Wrede, V. (1998). „*Bald reich, bald arm, bald gar nichts.*" *Der Schieferbergbau im Harz.* 85 S. Clausthal-Zellerfeld: Pieper.

Wrede, V. (2016). Schiefergas und Flözgas – Potenziale und Risiken der Erkundung unkonventioneller Erdgasvokommen in Nordrhein-Westfalen aus geowissenschaftlicher Sicht. *scriptum, 23,* 5–129.

Wrede, V., Steuerwald, K., Dölling, M., Lenz, A., Hiß, M., Schäfer I., Heuser, H., & Lehmann, K. (2010). Die Bohrungshavarie Kamen-Wasserkurl aus geowissenschaftlicher Sicht. – **Schr.-R.** GDMB, *123,* 53–67.

Wuppertal Institut für Klima, Umwelt und Energie. (2005). Treibhausgasemissionen des russischen Erdgas-Exportpipeline-Systems – Ergebnisse und Hochrechnungen empirischer Untersuchungen in Russland. – Projekt im Auftrag der E.ON Ruhrgas AG Wuppertal Institut für Klima, Umwelt und Energie in Zusammenarbeit mit dem Max-Planck-Institut für Chemie, Mainz, 41 S. Wuppertal, Mainz.

Yamani, Ah. Z. (1988). Der Einfluß politischer Entscheidungen auf die Ölwirtschaft. Kölner Rohstoffrunde 29.06.1988. – *Glückauf, 124,* 9 S. Essen.

Zieger, T., & Ritter, J. R. R. (2018). Influence of wind turbines on seismic stations in the upper rhine graben, SW Germany. *Journal of Seismology, 22,* 105–122.

7

Sind die Rohstoffvorräte endlich oder begrenzt?

Trailer

Im geschlossenen System der Erde ist die Menge der Georessourcen endlich. Die Menge ist aber in dem für den Menschen zugänglichen Teil der Erdkruste extrem groß und kann theoretisch jeden voraussehbaren Bedarf decken. Wie groß der Anteil der Gesamtmenge ist, der sich technisch-wirtschaftlich tatsächlich gewinnen lässt, lässt sich nicht abgrenzen, sondern unterliegt der ökonomischen Dynamik.

Die verfügbare Menge der theoretisch endlos zur Verfügung stehenden Bioressourcen ist dagegen durch die zur Verfügung stehenden Anbauflächen begrenzt.

Trotz der bei einigen Rohstoffen bestehenden politischen Unsicherheiten und kurzfristigen Schwankungen bei Angebot und Nachfrage, die sich im Preis niederschlagen, ist festzustellen, dass die Menge der dem Menschen zur Verfügung stehenden Rohstoffe langfristig zunimmt. Dies ergibt sich, wenn die Bergbautätigkeit ganzheitlich betrachtet wird, d. h. nicht nur die Rohstoffentnahme, sondern auch die zwangsläufig vorauslaufende Exploration in das Bild einbezogen wird (Tab. 6.1).

Legt man die in Abschn. 3.3 angeführte ursprüngliche Definition der Brundtland-Kommission für Nachhaltigkeit zu Grunde, so ist die Rohstoffwirtschaft nicht nur wegen ihrer Generationen überspannenden Planungszeiten (Posteritätsprinzip, Generationen oder Enkelgerechtheit), sondern auch auf Grund ihrer Mengenbilanzen zweifellos als nachhaltig zu bezeichnen. Die Rohstoffindustrie befriedigt die aktuellen Bedürfnisse der Menschen an Rohstoffen. Durch die vorlaufende Lagerstättenerkundung

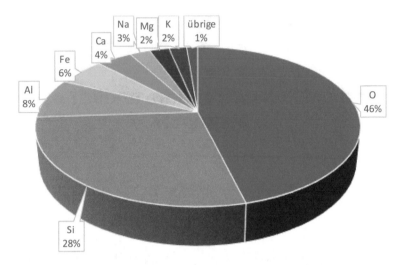

Abb. 7.1 Häufigkeit der Elemente in der kontinentalen Erdkruste (gerundet)

werden auch die notwendigen Mengen an Rohstoffen für die kommenden Generationen gesichert.

Die positive Bilanz von Explorationsergebnissen und Rohstoffentnahme kann aber nicht bis ins Unendliche erhalten bleiben, da im geschlossenen System Erde die Menge der Rohstoffe endlich ist.

Es bleibt somit die Frage nach der *Begrenztheit* oder *Endlichkeit* der Rohstoffe auf der Erde. Versucht man sich der *absoluten* Menge eines Rohstoffs zu nähern („the finite stock of reserves"; Meadows et al. 2013), so muss man die Häufigkeit der Elemente in der kontinentalen Erdkruste betrachten (z. B. Hollemann et al. 2007). An deren Aufbau sind neben Sauerstoff Silicium mit 28 % und die Metalle Aluminium mit ca. 8 % und Eisen mit 5,6 % am stärksten vertreten (Abb. 7.1). Relativ selten ist dagegen z. B. Platin mit nur 0,005 ppm *(parts per million)*.

Schätzt man die Fläche der Kontinente grob auf 150 Mio. km^2 ab und nimmt sehr konservativ an, dass nur die obersten 3 km dem Menschen für Bergbauaktivitäten zugänglich sind[1], so ergibt sich ein nutzbares Volumen der Erdkruste von 450 Mio. km^3. 5 % hiervon sind 22,5 Mio. km^3, umgerechnet mehr als 175×10^{15} t Eisen. 0,005 ppm des Krustenvolumens sind immer noch 2,25 km^3 oder umgerechnet für Platin 48,25 Mrd. t. In

---

[1]Tatsächlich haben die tiefsten Goldbergwerke in Südafrika bereits die 4-km-Marke erreicht und die tiefsten kommerziellen Bohrungen in Oklahoma (USA) die 9-km-Grenze überschritten.

dieser Größenordnung bewegen sich die geologisch vorhandenen, *endlichen, nicht vermehrbaren* Maximalmengen, von denen natürlich nur ein extrem geringer Teil so weit angereichert ist, dass er eine für den Menschen nutzbare Lagerstätte darstellt. Wo allerdings die Grenze der Bauwürdigkeit liegt, lässt sich letztlich nicht allgemeingültig beantworten. Wie schon ausgeführt wurde, ist die Bauwürdigkeitsgrenze eine technisch-wirtschaftliche Größe, die sich rohstoffspezifisch in Abhängigkeit von den wirtschaftlichen Rahmenbedingungen, Angebot und Nachfrage dynamisch verändert. Liegt heute die Bauwürdigkeitsgrenze für Eisenerz in Australien bei 60 % Fe, so waren noch in den 1950er Jahren Erze mit Gehalten von 25 % Fe wirtschaftlich gewinnbar (z. B. Grube Hansa bei Bad Harzburg). Im Rahmen der Autarkiebestrebungen des sogenannten Dritten Reiches wurden bei Blumberg in Baden, nahe der Schweizer Grenze, Eisenerze der Doggerformation mit Gehalten von sogar nur 20 % Fe abgebaut.

Der erfolgreiche Abbau z. B. von Porphyry Copper Ores mit zum Teil extrem geringen Kupfergehalten (<<1 %) zeigt andererseits, dass auch heute extreme Armerze wirtschaftlich gewonnen werden können, wenn der Lagerstätteninhalt hinreichend groß ist und eine entsprechende Abbau- und Aufbereitungstechnik zur Verfügung steht. Bei sehr hochpreisigen Rohstoffen wie Diamanten können Gehalte unter 1 ppm im Gestein ausreichen, um einen Abbau rentabel zu machen.

Die vorrangige Nutzung bestimmter kulturprägender Rohstoffe wie Feuerstein, Bronze oder Eisen ist in der Geschichte nicht deshalb von der Nutzung anderer Rohstoffe abgelöst worden, weil sie knapp wurden, sondern weil der Fortschritt der Technik die Nutzung anderer (besserer, billigerer) Materialien möglich machte. So endete die Steinzeit nicht, weil es keine geeigneten Steine mehr gab, sondern weil die Menschen die Technik der Metallverarbeitung entdeckten und so qualitativ bessere Werkzeuge aus Bronze herstellen konnten. Als die Technik der Verhüttung von Eisenerz entwickelt war, konnten nicht nur qualitativ noch bessere Werkzeuge gefertigt werden, sondern es stand auch ein viel weiter verbreiteter Rohstoff zur Verfügung als das relativ seltene Kupfer und Zinn, das zur Bronzeherstellung benötigt wurde. Obwohl Eisenerz in praktisch unbegrenzten Mengen zur Verfügung steht, sind viele Metallprodukte in der zweiten Hälfte des 20. Jahrhunderts durch erdöl- oder erdgasbasierte Kunststoffe ersetzt worden, die leichter, besser formbar und billiger in der Herstellung sind. Die Kohle ist in Europa vom billigeren Erdöl, Erdgas und der Kernenergie als Energieträger und Chemierohstoff verdrängt worden. Betrachtet man die Kohlefördermengen in Deutschland in einer geglätteten Kurve, so wird klar, dass das „Kohlezeitalter" in Deutschland ziemlich genau

200 Jahre, von ca. 1820 bis 2019, umfasste. Der Höhepunkt der Steinkohleförderung war bereits im Jahr 1938 erreicht – obwohl auch heute noch große Vorräte vorhanden sind (Abb. 7.2 und 7.3) (Juch 1997; Wrede 2016, 2018).

Auch wenn der Produktionsverlauf der Steinkohle in Deutschland auf den ersten Blick der glockenförmigen Prognosekurve von Hubber (1956) für die Ölförderung in den USA gleicht (Abschn. 5.4), so liegt der entscheidende Unterschied darin, dass der Rückgang der Steinkohleproduktion auf einer nachlassenden Nachfrage und nicht auf einem nachlassenden Angebot wegen der Erschöpfung der Lagerstätten beruhte.

Die immer noch vorhandene Restmenge von über 300 Mrd. m^3 bzw. über 440 Mrd. t Kohle wird aller Voraussicht nach nicht mehr bergmännisch gewinnbar sein. Als Mutter- und Speichergestein für Flözgas stellt sie jedoch eine erhebliche Rohstoffreserve dar. Nach sehr vorsichtigen Abschätzungen dürfte sie etwa 2200 km^3 Methan enthalten. Nimmt man eine technische Gewinnbarkeit von 10 % dieser Menge an, ergibt sich eine Ressource in der Größenordnung von 220 km^3 Methan (Wrede 2016).

Wie schon in Abschn. 6.4 ausgeführt, weicht die Entwicklung des Steinkohlebergbaus in Deutschland (und Westeuropa) völlig von der globalen Entwicklung ab, bei der zumindest bis 2013 ein kontinuierlicher Anstieg der Förderung zu verzeichnen war.

Unterstellt man, dass entsprechend den Beschlüssen des G7-Gipfels von 2015 die Nutzung der fossilen Energieträger Kohle und Erdöl bis

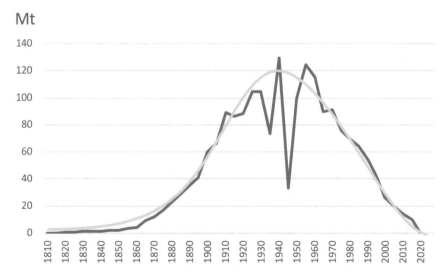

Abb. 7.2   Das Kohlezeitalter in Deutschland; Jahresförderung in Mio. t (Wrede 2018)

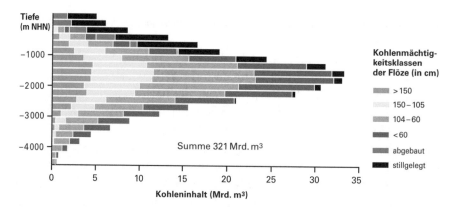

Abb. 7.3 Geologische Kohleinhalte im Ruhrgebiet und Münsterland differenziert nach Tiefenlage und Mächtigkeit der Flöze (Juch 1997, Geologischer Dienst NRW). Im Zeitraum 1997–2018 wurden noch etwa 300 Mio. t (204 Mio. m³) abgebaut

Ende dieses Jahrhunderts beendet werden kann, so hätten auch diese bei Weitem für den Bedarf der Menschheit ausgereicht, ohne dass es zu einer Verknappung nach der Peak-Oil-Theorie gekommen wäre. Bislang ist kein fossiler Rohstoff von der Menschheit aufgezehrt worden; die Rohstoffe haben immer ausgereicht, um den Bedarf der Menschen über die jeweilige, kulturell bedingte Nutzungsdauer zu decken.

Die Nutzung der Bioressourcen ist dagegen immer wieder an ihre Grenzen gestoßen. Die Krise der Wälder und der Landwirtschaft Europas in der frühen Neuzeit wurde schon beschrieben. In der Römerzeit wurde der Mittelmeerraum durch unkontrollierten Holzeinschlag völlig entwaldet und Nordafrika durch landwirtschaftliche Übernutzung desertifiziert (Wrench 1946). Die Überweidung der Steppen in der Sahelzone bedroht aktuell die Ernährungsgrundlage der dort lebenden Menschen. Der Zusammenbruch der Maya-Kultur in Mittelamerika im 9. Jahrhundert ist wahrscheinlich auf Übernutzung der zur Verfügung stehenden Anbauflächen und die durch Rodung des Regenwaldes mit verursachten Dürren zurückzuführen (Haug et al. 2003; Voiland und José-Viñas 2011).

Die Georessourcen, die fossilen Rohstoffe, sind in ihrer Menge zwar *endlich,* die absoluten Mengen jedoch extrem groß. Die viel geringeren verfügbaren Mengen sind aber *nicht begrenzt,* da sich eine Grenze ihrer Abbauwürdigkeit nicht definieren lässt und sie sich bei Notwendigkeit und höheren Preisen zu Gunsten zusätzlicher Vorräte verschiebt. Die absolut verfügbaren Mengen reichen nach aller Erfahrung aus, um den Bedarf der Menschheit für die absehbare Zukunft und darüber hinaus zu decken.

Durch Recycling und Rohstoffsubstitution lassen sich die Rohstoffmengen zusätzlich strecken.

Die erneuerbaren Energien (vor allem Wind- und Solarenergie) sind regenerativ und stehen somit zumindest theoretisch dauerhaft, d. h. *endlos,* zur Verfügung. Für die Bioressourcen, die nachwachsenden Rohstoffe, gilt dies nur, solange und insofern sie mit den erforderlichen Mengen an Energie, Wasser und Nährstoffen versorgt werden. Die möglichen Nutzflächen für die erneuerbaren Energien und die Bioressourcen sind aber begrenzt und stehen in Konkurrenz zu anderen Nutzungen und Erfordernissen wie Nahrungsproduktion, Klimaschutz oder Schutz der Biodiversität. Es steht daher zu einem bestimmten Zeitpunkt immer nur eine *begrenzte* Menge an Bioressourcen zur Verfügung, um fossile Rohstoffe zu ersetzen. Spätestens seit dem 18. und 19. Jahrhundert haben die Bioressourcen allein nicht mehr ausgereicht, um die Versorgung der Menschen in Europa mit dem Lebensnotwendigen sicherzustellen.

Literatur

Haug, G. H., Günther, D., Peterson, L. C., Sigman, D. M., Hughen, K. A., & Aeschlimann, B. (2003). Climate and the collapse of Maya civilization. *Science, 299,* 1731–1735.

Hollemann, A. F., Wiberg, E., & Wiberg, N. (2007). *Lehrbuch der anorganischen Chemie.* (102. Aufl.). 2149 S. Berlin: de Gruyter.

Hubbert, M. K. (1956). Nuclear Energy and the fossil fuels. *Shell Development Company, Exploration and Production Research Division, Publication 95,* 57 S. Houston, Texas.

Juch, D. (1997). Results of the resources assessment in West German hard coal deposits. Proceed. XIIIth ICCP, S. 339–344, Krakow.

Meadows, D., Randers, J., & Meadows, D. (2013). *Limits to growth: The 30-year update.* 342 S. White River Junction: Chelsea Green Publishing.

Voiland, A., & José-Viñas, M. (2011). *Ancient dry spells offer clues about the future of drought.* NASA, Washington D.C. https://www.nasa.gov/topics/earth/features/ancient-dry.html. Zugegriffen: 28. Sept. 2019.

Wrede, V. (2016). Schiefergas und Flözgas – Potenziale und Risiken der Erkundung unkonventioneller Erdgasvokommen in Nordrhein-Westfalen aus geowissenschaftlicher Sicht. *scriptum, 23,* 5–129.

Wrede, V. (2018). Zeitenwende: Was geht – Was bleibt? *GeoPark Ruhrgebiet News, 2,* 4–6.

Wrench, G. T. (1946). *Reconstruction by way of the soil.* 262 S. London: Lulu.

8

Rohstoffgewinnung und Umwelt

Jede Rohstoffgewinnung ist mit einem Eingriff in die Umwelt verbunden. Die Standortgebundenheit der Rohstoffvorkommen und der gesetzliche Auftrag der Daseinsvorsorge erfordern eine landesplanerische Rohstoffsicherung. Im Rahmen der Abbaugenehmigungen erfolgen zumindest in Deutschland auch Festlegungen zur Rekultivierung und Renaturierung ehemaliger Rohstoffgewinnungsflächen. Durch vorausschauende Planung lassen sich die negativen Folgen des Rohstoffabbaus minimieren. Renaturierte Abbauflächen können in erheblichem Maße zur Biodiversität einer Landschaft beitragen. Der Bergbau hat bedeutende Kulturgüter bis hin zu Welterbestätten geschaffen und trägt zur Schaffung von Infrastruktur und Wirtschaftsentwicklung bei. Fehlentwicklungen im sozialen Bereich und beim Umweltschutz sind weniger bergbauspezifisch als vielmehr ein Abbild der jeweiligen gesellschaftlichen und politischen Systeme, unter denen der Bergbau betrieben wird.

8.1 Flächeninanspruchnahme

Fast jede menschliche Aktivität stellt einen Eingriff in die Umwelt dar. Dies gilt für die Industrie, aber auch die Landwirtschaft, die planmäßige Forstwirtschaft, den Siedlungs- und Verkehrswegebau, das Errichten von Wind- oder Wasserkraftanlagen und ganz offensichtlich auch für die Gewinnung von Bodenschätzen.

Die Umwandlung der Urwälder Mitteleuropas in Forstkulturen als Folge der Holzkrise des 18. Jahrhunderts stellte einen massiven Eingriff in die natürliche Umwelt dar, ebenso wie die Entwicklung der Landwirtschaft, durch die die natürliche Vegetation oft völlig ausgeräumt wird (Abb. 8.1).

Abb. 8.1 Umweltbeeinflussung durch Landwirtschaft (vollständig ausgeräumte Landschaft im Niederrheingebiet bei Kleve) (Geologischer Dienst NRW)

Es gibt in Mitteleuropa, von ganz wenigen Ausnahmen abgesehen, keine Naturlandschaften mehr. 7000 Jahre Ackerbau und 300 Jahre planmäßige Forstwirtschaft haben unsere Umwelt dauerhaft und grundlegend verändert. Auch bei der Rohstoffgewinnung kommt es wegen der Materialentnahme in jedem Fall zu irreversiblen Eingriffen in die Landschaft. Von Dölling (1994) wurde am Beispiel einer eher ländlich geprägten Region im Westmünsterland mit landwirtschaftlicher Nutzung, aktiver Abgrabungstätigkeit und Siedlungsbereichen versucht, die anthropogenen Eingriffe in das natürliche Oberflächenrelief zu erfassen und zu quantifizieren. Dabei zeigte sich, dass etwa 10,5 % der Fläche von anthropogenen Reliefveränderungen betroffen sind. 57 % dieser Eingriffe basieren auf der Siedlungstätigkeit, 3 % der Eingriffe entstanden durch landwirtschaftliche Aktivitäten, 26 % sind eine Folge der Gewinnung von Steinen und Erden, und 14 % lassen sich auf Verkehrswegebau und wasserbauliche Maßnahmen zurückführen. Auch wenn diese Zahlen sicher nicht repräsentativ sind, zeigen sie doch, dass der Umfang der Eingriffe letztlich begrenzt ist. So betreffen die Eingriffe durch den Rohstoffabbau lediglich 2,7 % der gesamten untersuchten Fläche.

Insgesamt gesehen ist die Flächeninanspruchnahme durch den Rohstoffabbau erstaunlich gering. Ausweislich der Flächenstatistik für das

Jahr 2017 sind in Deutschland 152,775 ha (1527,75 km²) durch Berg-baubetriebe, Steinbrüche, Tagebaue und Gruben belegt, also nur etwa 0,4 % der Fläche (UBA 2019b). Diese Zahl beinhaltet nicht nur die aktiven Abgrabungen und Steinbrüche, sondern auch die zum Abbau vorgesehenen, aber noch nicht in Anspruch genommenen Flächen sowie die Braunkohletagebaue. In den Bundesländern ohne Braunkohleberg-bau, z. B. Baden-Württemberg oder Bayern, beträgt der Flächenanteil der Abgrabungen nur ca. 0,1–0,3 % (Reimer 2007). Zum Vergleich nehmen z. B. die Gewässer 2,3 % der Fläche ein; Naturschutzgebiete und Nationalparks 6,2 %, Siedlungen und Verkehrsflächen umfassen rund 14 %. Die Flächeninanspruchnahme für Energiemais beträgt ca. 7,5 % des Bundesgebietes (Abschn. 6.4). Durch diese Zahlen relativiert sich die Bedeutung der Abgrabungen für den Gesamtnaturhaushalt. Allerdings können sie vor allem dort, wo Abgrabungskonzentrationen auftreten (z. B. in Kiesabbaugebieten in den Flusstälern) eine sehr bestimmende Rolle bekommen.

Rohstoffgewinnung ist durch die natürliche, ungleiche Verteilung der Lagerstätten standortgebunden. Die Konzentration des Abbaus auf Optimalbereiche minimiert die Eingriffsfläche. Ein 20 m mächtiges Kies-vorkommen liefert auf gleicher Fläche doppelt so viel Material wie ein Vor-kommen von 10 m Mächtigkeit. Um einen bestimmten Bedarf zu decken, muss nur halb so viel Fläche in Anspruch genommen werden. Dieser Gedanke führt in der Praxis zu einer Konzentration des Abbaus auf relativ wenige, aber leistungsfähige Gewinnungsstätten. In Baden-Württemberg hat die Zahl der Gewinnungsstätten in den letzten Jahrzehnten von mehreren Tausend auf ca. 500 abgenommen. Dies ist einerseits auf wirtschaftliche Zwänge zurückzuführen, andererseits aber Folge einer bewussten Steuerung durch die Planungs- und Genehmigungspraxis (NABU/ISTE 2018). Der Verzicht auf die Gewinnung geringmächtiger oder minderwertiger Lager-stätten führt aber dazu, dass diese Lagerstättenbereiche ungenutzt bleiben. Die landesplanerisch gewollte Abbaukonzentration hat daher letztlich einen Raubbau an der Lagerstätte im Sinne der in Abschn. 3.2 diskutierten Definition zur Folge. Eine weitere Folge der Abbaukonzentration ist, dass die durchschnittlichen Transportweiten vom Produzenten zum Verbraucher zunehmen – mit entsprechenden kostenmäßigen und ökologischen Folgen.

Zwischen den beiden konträren Zielen *Minimierung der Eingriffsfläche durch Abbaukonzentration* und *vollständiger Ausnutzung der Lagerstätte* muss deshalb gegebenenfalls ein Kompromiss gefunden werden.

Da die Rohstoffindustrie die von ihr benötigten Flächen nach Beendigung der Abgrabung wieder anderen Nutzungen zur Verfügung stellt, ist die Inanspruchnahme der Flächen je nach Nachnutzung nur temporär, im Gegensatz z. B. zu Eingriffen durch den Siedlungs- und Verkehrswegebau, die meist dauerhaft bleiben.

8.2   Rohstoffsicherung

Soll die Versorgung der Bevölkerung und Wirtschaft mit den notwendigen Rohstoffen nachhaltig gewährleistet werden, setzt dies einen dauerhaften und in Einklang mit den ökologischen und sozialen Gegebenheiten stehenden Zugang zu den Rohstoffquellen voraus. Wegen der Standortgebundenheit der Rohstoffvorkommen ist es notwendig, ihre Nutzbarkeit langfristig landesplanerisch zu sichern. Diese Aufgabe des Staates definierte der Begründer des Begriffs der staatlichen Daseinsvorsorge Ernst Forsthoff:

> *Mit der Schrumpfung des individuell beherrschten Lebensraums hat der Mensch die Verfügung über wesentliche Mittel der Daseinsstabilisierung verloren. Er schöpft das Wasser nicht mehr aus dem eigenen Brunnen, er verzehrt nicht mehr die selbstgezogenen Nahrungsmittel, er schlägt kein Holz mehr im eigenen Wald für Wärme und Feuerung. Im Ablauf der Dinge ist hier eine eindeutige Entscheidung gefallen, wenigstens im Bereich der deutschen Staatlichkeit: dem Staat (im weitesten Sinne des Wortes) ist die Aufgabe und die Verantwortung zugefallen, alles das vorzukehren, was für die Daseinsermöglichung des modernen Menschen erforderlich ist. Was in Erfüllung dieser Aufgabe notwendig ist, nenne ich Daseinsvorsorge* (Forsthoff 1958)

Es ist offensichtlich, dass diese Definition auch für die Rohstoffversorgung zutrifft.

Das (Bundes-)Raumordnungsgesetz (ROG i. d. F. vom 20.07.2017) formuliert demgemäß als Grundsatz der Raumordnung, es seien „die nachhaltige Daseinsvorsorge zu sichern […] und Ressourcen nachhaltig zu schützen" und präzisiert das weiter: „Es sind die räumlichen Voraussetzungen für die vorsorgende Sicherung sowie für die geordnete Aufsuchung und Gewinnung von standortgebundenen Rohstoffen zu schaffen."

Im Landesentwicklungsplan Nordrhein-Westfalen von 2016, der die Vorgaben des Raumordnungsgesetzes in Landesrecht umsetzt, wird weiter ausgeführt:

> *Die Verfügbarkeit von energetischen und nichtenergetischen Rohstoffen ist eine unverzichtbare Grundlage unserer Industriegesellschaft. Wirtschaft und Bevölkerung […] sind auf eine sichere und bedarfsgerechte Versorgung mit Rohstoffen angewiesen.*

[…] Im Interesse zukünftiger Generationen soll die Möglichkeit des Abbaus bedeutsamer Vorkommen oberflächennaher, nichtenergetischer Rohstoffe langfristig offengehalten werden. (LEP NRW 2016: Erl. zu 9.1-1 Standortgebundenheit von Rohstoffvorkommen)

Die Flächeninanspruchnahme durch den Abbau oberflächennaher Rohstoffe steht häufig in Konkurrenz zu anderen Flächenansprüchen wie Land- und Forstwirtschaft, Siedlungsflächen und Verkehrswegen, Natur- und Landschaftsschutz oder Wasserschutzgebieten. Je nachdem, welchem Anspruch im Rahmen der Landes- bzw. Regionalplanung der Vorrang gegeben wird, kann es hierdurch zu einer Verknappung der verfügbaren Rohstoffe kommen, da sie dann zwar noch vorhanden, aber nicht mehr gewinnbar sind (Abb. 8.2).

In Nordrhein-Westfalen existieren beispielsweise weitflächig Vorkommen von Sand und Kies, die die Versorgung der Bauwirtschaft auf viele Jahrzehnte sichern können. Ihr Abbau steht aber gerade in diesem dicht besiedelten Bundesland oft in Konkurrenz zu anderen landesplanerischen Zielen. Ein erheblicher Teil der Rohstoffflächen steht auf Grund „harter" Tabukriterien wie z. B. Siedlungsflächen, Wasserschutzgebieten oder Naturschutzgebieten für eine Rohstoffplanung von vornherein nicht zur Verfügung (Abb. 8.3). Auch von den verbleibenden Flächen wird auf Grund der notwendigen Güterabwägung zwischen den verschiedenen Interessen bei der Detailplanung letztlich nur ein kleiner Teil des Rohstoffpotenzials tatsächlich genutzt werden können.

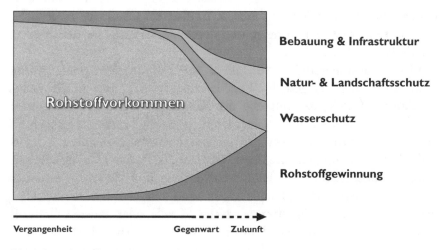

Abb. 8.2 Rohstoffverknappung durch konkurrierenden Flächenbedarf und Abbau (verändert nach HLUG 2008)

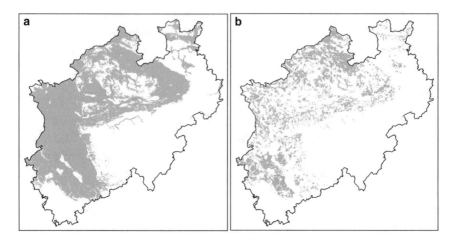

Abb. 8.3 Lockergesteine (Sand, Kies, Ton) in NRW. Geologische (a) und landesplanerische Potenzialflächen (b) (Geologischer Dienst NRW)

Die Genehmigungsverfahren für neue oder zu erweiternde Rohstoffgewinnungsbetriebe unterliegen – unabhängig davon, ob die Rohstoffe unter die Regelungen des Bundesberggesetzes oder des Abgrabungsrechts fallen – als *raumbedeutsame Planungen* der Umweltverträglichkeitsprüfung nach dem Gesetz über die Umweltverträglichkeitsprüfung (UVP-Gesetz). Sie bedürfen in der Regel auch einer wasserrechtlichen Beurteilung und ggf. Bewilligung nach dem Wasserhaushaltsgesetz (WHG) und unterliegen dem Bundesimmissionsschutzgesetz. Führen diese Prüfungen nicht zu einer Ablehnung des Vorhabens, wird der Umfang der damit verbundenen Umwelteingriffe bewertet und muss z. B. über ein Ökokonto ausgeglichen werden. Die Bewertungskriterien und das Ausgleichsverfahren variieren von Bundesland zu Bundesland.

Viele Industrieprodukte vor allem im Konsumgüterbereich werden angebotsorientiert hergestellt. Der Hersteller hofft mit einem neuen, attraktiven Produkt das Interesse der Kunden zu wecken. Im Gegensatz dazu arbeitet die Rohstoffwirtschaft (ähnlich wie die Landwirtschaft) als Teil des primären Wirtschaftssektors vorwiegend nachfrageorientiert, d. h., sie befriedigt einen vorhandenen Bedarf (Reimer 2007). Die Möglichkeiten der Rohstoffindustrie, z. B. mit Hilfe von Werbung ihre Märkte zu erweitern, sind sehr begrenzt. Sie hat beispielsweise wenig Einfluss auf die Entwicklung der Baukonjunktur oder darauf, welche Metalle oder anderen Rohstoffe in welchen Mengen von der Industrie benötigt werden. Allerdings besteht durchaus die Möglichkeit, dass sich alternative Rohstoffe Konkurrenz machen und so z. B. in den USA das billige Erdgas die Kohle vom Energie-markt verdrängt. Wegen der Bedarfsorientierung der Rohstoffindustrie werden im Wesentlichen auch nur die Mengen an Rohstoffen produziert, die der Markt kurzfristig abnimmt und die aktuell zur Versorgung der Wirt-schaft und der Bevölkerung notwendig sind. Der gesicherte Rohstoffabbau liegt daher nicht nur im Interesse der Rohstoffindustrie, sondern vorrangig auch im Interesse der Bevölkerung, da nur hierdurch ihre Versorgung mit den notwendigen Gütern gewährleistet werden kann. Im Gegensatz zu den meisten Konsumgütern sind die (biotischen wie abiotischen) Primärroh-stoffe dagegen grundsätzlich unentbehrlich. Die Rohstoffsicherung dient in der Tat dazu, „den Ressourcenhunger in Deutschland zu stillen", und hat die „Sicherung der Industrieversorgung zum Ziel", wie von bergbau-skeptischer Seite – kritisch gemeint – formuliert wurde (Hiß 2016, S. 28; Reckordt 2016, S. 40).

Rohstoffsicherung ist daher ein Teil der vom Raumordnungsgesetz vor-geschriebenen staatlichen Daseinsvorsorge und damit eine Pflichtaufgabe der Bundesländer. Ziel der Rohstoffsicherung ist der Schutz von Rohstoff-vorkommen vor Zerstörung oder dauerhafter Blockierung durch Über-bauung oder Überplanung mit Rohstoffgewinnung ausschließenden Nutzungen (LBGR Brandenburg 2019). Zugleich muss die Rohstoff-sicherung aber auch dem Grundsatz der Nachhaltigkeit entsprechen (Teßmer 2007). Eine nachhaltige Rohstoffsicherung muss die öko-nomischen Interessen an einer sicheren Rohstoffversorgung, das Interesse an einer langfristigen Ressourcensicherung bzw. -schonung und das ökologische Interesse an einer möglichst geringen Flächeninanspruchnahme dauerhaft in Ausgleich bringen und dabei auch die sozialen Aspekte berücksichtigen.

Die Rohstoffsicherung wird in den einzelnen Bundesländern unter-schiedlich gehandhabt (z. B. Kleeberg und Rascher 2012; Langer 2012; Wittenbrink und Werner 2012). Sie findet in der Regel auf der Ebene der Regionalplanung statt. Fachliche Basis für die Ausweisung von Flächen, die für die ausreichende Rohstoffversorgung des Landes gesichert werden müssen, ist einerseits die Kenntnis der heimischen Rohstoffpotenziale und andererseits eine möglichst belastbare Prognose des zukünftigen Rohstoff-bedarfs. Die Erfassung und Bewertung der Rohstoffpotenziale sind eine Kernaufgabe der Staatlichen Geologischen Dienste der Bundesländer. Die Rohstoffpotenziale werden meist in Form von Rohstoff- oder Lagerstätten-karten dargestellt, deren Datengrundlagen und Inhalte sich zwischen den Bundesländern teilweise unterscheiden. In Nordrhein-Westfalen wurde als Grundlage für die Rohstoffsicherung die Landesrohstoffkarte entwickelt, die für die relevanten Bodenschätze u. a. Angaben über ihre Mächtigkeit, ihre Tiefenlage und eventuelle Überlagerungen macht (Martini et al. 2012). Diese Karte ist als digitales Informationssystem angelegt, das regelmäßig aktualisiert werden kann.

Die Inhalte der Rohstoffkarten und ergänzende Daten werden von den jeweiligen Geologischen Diensten in den Abwägungsprozess der Regionalplanung eingebracht.

In Nordrhein-Westfalen werden in den Regionalplänen der Bezirksregierungen bzw. der Planungsregion Ruhr „Bereiche für Sicherung und Abbau von oberflächennahen Bodenschätzen", sogenannte BSAB-Flächen, ausgewiesen (LEP NRW 2016; i. d. F. von 2019). Auf diesen Flächen dürfen keine Vorhaben realisiert werden, die eine spätere Nutzung der hier vorhandenen Bodenschätze behindern würden. Andererseits sind die Beantragung und Genehmigung neuer Abgrabungsvorhaben in der Regel auch nur innerhalb der ausgewiesenen BSAB-Flächen zulässig. Durch die Ausweisung der BSAB-Flächen sollen eine Versorgungssicherheit von 25 Jahren bei den Lockergesteinen (Sand, Kies, Ton) und eine Versorgungssicherheit von 35 Jahren bei den Festgesteinen sichergestellt werden. Der gesicherte Versorgungszeitraum für Festgesteine liegt über dem für Lockergesteine, da insbesondere die Kalksteingewinnung und Zementproduktion mit hohen Investitionskosten verbunden sind und von daher für die Unternehmen eine Planungssicherheit von mindestens 35 Jahren gegeben sein muss, da ansonsten weitere Investitionen auszubleiben drohen. Die Festlegung von BSAB-Flächen für die Rohstoffsicherung soll flächensparend möglichst in den Gebieten vorgenommen werden, die in der Landesrohstoffkarte mit vergleichsweise höheren Rohstoffmächtigkeiten ausgewiesen sind.

Um eine Nutzung von Rohstoffvorkommen auch für spätere Generationen offenzuhalten, sollen zusätzlich für die langfristige Rohstoffversorgung Reservegebiete in die Erläuterungen zum Regionalplan aufgenommen werden.

Für die Prognose des zukünftigen Rohstoffbedarfs wurde in Nordrhein-Westfalen ein luftbildgestütztes Abgrabungsmonitoring eingerichtet, mit dem anhand transparenter und nachvollziehbarer Daten jährlich das Volumen der Förderung für die einzelnen Rohstoffe in den sechs Planungsregionen des Landes erfasst und mit den Restvolumina in den ausgewiesenen BSAB-Flächen verglichen wird (Kips et al. 2012; GD NRW o. J.). Droht der gesicherte Versorgungszeitraum unter einen Grenzwert von 15 bzw. 25 Jahren für Locker- bzw. Festgesteine zu sinken, sind von den Regionalplanungsbehörden neue BSAB-Flächen auszuweisen und wieder eine Mindestversorgungssicherheit von 25 bzw. 35 Jahren herzustellen.

Durch das Rohstoffmonitoring wird also prinzipiell ein ähnliches Verfahren zur Rohstoffsicherung bereitgestellt, wie es auch bei anderen Rohstoffen üblich ist, wenn beim Unterschreiten eines kritischen Wertes der Statischen Reichweite eine verstärkte Explorationstätigkeit einsetzt (Abb. 5.3).

Die im Landesentwicklungsplan festgeschriebenen Mindestversorgungszeiträume von 25 Jahren für Lockergesteine und 35 Jahren für Festgesteine sind in Nordrhein-Westfalen Gegenstand einer längeren, kontroversen politischen Diskussion, vor allem in Hinblick auf den Kiesabbau am Niederrhein (z. B. NUA 2007). So fordern z. B. Naturschutzverbände eine deutliche Verkürzung der gesicherten Versorgungszeiträume und eine „planerische Verknappung der Ressource" (Gerhard 2007). Sie hoffen, hierdurch die Industrie und auch die Verbraucher zu einem ressourcenschonenderen Umgang mit den Rohstoffen zu zwingen, insbesondere auch durch verstärktes Recycling und die Entwicklung von Substitutionsmaterialien. In der Folge würden die abbaubedingten Eingriffe in die Landschaft minimiert.

Seitens der Rohstoffindustrie, aber auch von Teilen der Politik wird dagegen aus Gründen der Planungssicherheit und der Generationengerechtheit die Sicherung möglichst umfangreicher Rohstoffvorkommen angestrebt, die die Versorgung für lange Zeiträume gewährleisten. Durch Schutz vor irreversiblen Auswirkungen konkurrierender Interessen (z. B. Siedlungsbau) soll der Zugang zu den Lagerstätten langfristig und auch für die nachfolgenden Generationen offengehalten werden.

Die bei der Änderung des Landesentwicklungsplans Nordrhein-Westfalen 2019 vorgenommene Erweiterung der Versorgungszeiträume und die Möglichkeit zur Ausweisung perspektivischer Reserveflächen sind Ausdruck dieser Diskussionen.

Die ungleiche Verteilung der Georessourcen führt zu erheblichen Gütertransporten. So muss z. B. das Niederrheingebiet auch den südlichen Landesteil von Nordrhein-Westfalen mit Kies mitversorgen, während Schotter aus Hartgesteinen aus dem Sauerland bis Norddeutschland transportiert werden müssen. Hinzu kommen Rohstoffimporte und -exporte über die Landesgrenzen hinweg. So liefern die Lagerstätten in Nordrhein-Westfalen erhebliche Mengen an Kies in die Niederlande. Der Transport von Massengütern erfolgt oft mit Binnenschiffen, so dass dem Wasserstraßennetz in Deutschland eine besondere Bedeutung für die Rohstoffwirtschaft zukommt. Bei hochpreisigen Rohstoffen spielen die Transportkosten anteilig nur eine kleine Rolle für den Gesamtpreis, bei niedrigpreisigen Massenrohstoffen wie Sand und Kies sind die Transportkosten aber ein wesentlicher Faktor für den Verbraucherpreis.

8.3 Hinterlassen die Bagger Mondlandschaften? – Auswirkungen der Rohstoffgewinnung

Wegen der nur temporären Inanspruchnahme der Flächen für den Abbau wird an die Rohstoffgewinnung eine Anforderung gestellt, die über die Planungsbedingungen sonstiger industrieller Vorhaben hinausgeht. Bereits bei der Beantragung eines Abgrabungsvorhabens sind Planungen zur Herrichtung der beanspruchten Fläche nach Abbauende vorzulegen. Nach dem Abgrabungsgesetz NRW wird bereits im Genehmigungsverfahren einer Abgrabung ein verbindlicher Rekultivierungsplan festgeschrieben, der die Art der Wiederherstellung der Abbaustätte regelt. Die voraussichtlichen Kosten für die Rekultivierung muss der Unternehmer bereits vor Beginn der Abgrabung hinterlegen (§§ 1, 4(2), 10 AbgrG NRW). In den anderen Bundesländern bestehen ähnliche Vorschriften.

Neben den klassischen Formen der Renaturierung und Rekultivierung von ehemaligen Abbaustätten gibt es in Deutschland und weltweit zahlreiche Beispiele für gute und teilweise sehr originelle Nachnutzungen ehemaliger Abgrabungen oder Bergwerksstandorte (z. B. Pearman 2009; Stein 2000). Diese reichen von einer quasi spurlosen Wiederherstellung des früheren Landschaftsbildes über den Bau von Freizeit- und Sporteinrichtungen in ehemaligen Tagebauen oder auf Halden (z. B. Skihalle in Bottrop) oder eine Nutzung als über- oder untertägiger Deponie, über Wein-, Pilz- und Käselagerung in aufgelassenen Bergwerksstollen oder Fischzucht in Tagebau-Restseen bis zu musealen Präsentationen des früheren Bergbaus und der Überführung der Flächen in den Naturschutz. Bei ausreichender Fallhöhe und gesicherter Wasserlösung lassen sich Bergwerksschächte zum Betrieb von Wasserkraftwerken nutzen (z. B. Döring 1996).

Bei jeder Art der Rohstoffgewinnung führt die Entnahme des Bodenschatzes zu einem Massendefizit an der Abbaustelle. Dies gilt für Tagebaue, Steinbrüche, Sand- und Kiesgruben ebenso wie für den Untertagebergbau.

Die Auswirkungen der Massenentnahmen sind aber unterschiedlich beim Abbau der Rohstoffe in Steinbrüchen und Abgrabungen an der Erdoberfläche, bei Nassabgrabungen und beim untertägigen Bergbau.

8.3.1 Untertägiger Bergbau

Der flächenhafte untertägige Bergbau z. B. auf Steinkohleflöze erzeugt Hohlräume im Untergrund, die sich durch das Nachsacken der Hangendschichten weitgehend schließen, was letztlich zu einer Absenkung der Erdoberfläche führt. Durch Auffüllung der durch den Abbau entstandenen Hohlräume mit Abraum, den sog. Bergeversatz, lassen sich die Auswirkungen dieses Prozesses vermindern, aber nicht völlig vermeiden, da das eingebrachte lockere Versatzmaterial unter dem Einfluss des Gebirgsdrucks kompaktiert wird.

In ihrer Wirkung auf die Tagesoberfläche müssen verschiedene Fälle unterschieden werden: die flächenhafte Volumenentnahme durch tiefliegenden (>100 m unter der Tagesoberfläche) Abbau , die Auswirkungen von oberflächennahem Abbau (ca. 30–100 m Überdeckung durch Festgestein) und tagesnahem Abbau (ohne oder mit geringmächtiger Festgesteinsüberdeckung) (Sikorski und Reinersmann 2009).

Der tiefliegende Bergbau führt zu flächenhaften Absenkungen der Erdoberfläche, oberflächennaher und tagesnaher Bergbau können dagegen durch den Einsturz von Hohlräumen, Stollen oder Schächten Tagesbrüche erzeugen (Abb. 8.4).

Bei den Tagesbrüchen handelt es sich in der Regel um lokale Ereignisse, die gleichwohl ein erhebliches Gefahrenpotenzial bergen. Sie können jederzeit, auch noch Jahrzehnte oder Jahrhunderte nach dem Ende der Bergbautätigkeit, auftreten. Zur Abwehr der Risiken, die sich aus diesen Hohlräumen ergeben, wurde ein Risikomanagementsystem geschaffen, das nach der Lokalisierung der Gefahrenstellen die Bewertung des davon ausgehenden Risikos sowie die Planung und Durchführung möglicherweise erforderlicher Sanierungsmaßnahmen vorsieht (Neumann 2009).

Das Ausmaß von flächenhaften Bergsenkungen, d. h. die Größe und Tiefe des Senkungstrogs, ist abhängig von der abgebauten Fläche, der Zahl und Mächtigkeit der abgebauten Flöze und der Tiefenlage des Abbaus. Die bergbaulich bedingten Bodenbewegungen führen häufig zu erheblichen Schäden an Bauwerken, Straßen oder Versorgungsleitungen, den Bergschäden.

Ist der untertägige Abbau, z. B. bei schmalen, aber langgestreckten Gangerzlagerstätten in der Fläche beschränkt, kommt es in der Regel nicht zu Bergsenkungen; die Gefahr von Tagesbrüchen besteht aber auch hier (Abb. 8.4).

Die Senkungen sind relativ genau in ihrem Ausmaß und ihrem zeitlichen Ablauf vorher zu berechnen. Durch prophylaktische Maßnahmen an gefährdeten Bauwerken lassen sich Bergschäden daher minimieren. Ansonsten regelt das Bergrecht die Verpflichtung des Bergbautreibenden, Bergschäden auszugleichen und zu ersetzen. Eine Besonderheit ist dabei die Beweislastumkehr: In Bergbaugebieten wird zunächst angenommen, dass

Abb. 8.4 Durch historischen Eisenerzabbau verursachter Tagesbruch unter einem Gebäude in Siegen-Rosterberg (2004)

Gebäudeschäden durch den Bergbau verursacht wurden, und der Bergbautreibende muss ggf. nachweisen, dass nicht er der Verursacher ist.

Bergschäden können nicht nur durch die Absenkung der Erdoberfläche entstehen, sondern auch durch Hebungsvorgänge beim Grubenwasserwiederanstieg nach Einstellung des Bergbaus (Abb. 8.5; Baglikow 2003, 2011).

In manchen Regionen des Ruhrgebiets, z. B. im Norden der Stadt Essen, ist es zu Bergsenkungen bis zu 24 m gegenüber der ursprünglichen Höhenlage des Geländes gekommen (Meyer 2002).

Die großflächige Absenkung der Erdoberfläche um Meter- bis Zehnermeterbeträge hat massive Auswirkungen vor allem auf das Abflussverhalten der Gewässer. So liegen weite Bereiche des Emschertals heute tiefer als der Rhein, der die natürliche Vorflut der Emscher bildet. Um eine Überflutung der betroffenen Gebiete zu verhindern, müssen die Gewässer eingedeicht und zum Teil hoch über dem Gelände geführt werden; das zufließende Niederschlags- bzw. Oberflächenwasser wird in die jeweilige Vorflut gepumpt. Insgesamt sind so im Ruhrgebiet Polderflächen mit künstlicher Entwässerung in einer Ausdehnung von ca. 75.000 ha entstanden.

Abb. 8.5 Sanierung von Bergschäden durch Grubenwasserwiederanstieg (Wassenberg, Kr. Heinsberg, NRW)

Die durch den Bergbau massiv gestörten hydraulischen Verhältnisse im Ruhrgebiet erfordern für unbegrenzte Zeit Maßnahmen zur Regulierung des Grubenwasserstands und der Oberflächenentwässerung (Abb. 8.6). Die hierdurch bedingten Ewigkeitslasten sollen durch die Erträge der RAG-Stiftung finanziert werden.

Abb. 8.6 Bergsenkungsfläche und Pumpwerk (hinter den Bäumen) an der Seseke bei Kamen; der Fluss liegt auf dem Damm links im Bild

In einigen Fällen ist durch gezielt betriebenen Bergbau auch eine bewusste Absenkung der Erdoberfläche herbeigeführt worden, um den Wasserstand im Duisburger Hafen im Interesse der Schifffahrt (Hueck 1963) und im Xantener Altrhein aus Naturschutzgründen zu erhöhen (Bräunig und Kirchhof 2009).

Dort, wo die bergbaulich abgesenkte Geländeoberfläche tiefer liegt als der regionale Grundwasserspiegel, entstehen See- und Sumpfflächen. Die Bergsenkungsseen bilden – analog zu den Abgrabungsgewässern – heute oft wertvolle Sekundärbiotope, die von Wassertieren, Amphibien oder Vögeln besiedelt werden.

Im Süden des Ruhrgebiets zeigen viele Beispiele, exemplarisch das Muttental bei Witten, dass sich ehemalige Bergbauregionen vollständig renaturieren lassen und heute Teil der Natur- und Erholungslandschaft sind (Koetter 2017). Noch vorhandene Bergbaurelikte werden als ergänzende Kulturgüter wahrgenommen und als Industriedenkmäler wertgeschätzt (Abb. 8.7).

Abb. 8.7 Bergbaulandschaft Muttental bei Witten. **a** Ehemalige Zeche Jupiter, 1950er Jahre (Foto: LWL-Industriemuseum Zeche Nachtigall, Witten). **b** Heutige Erholungslandschaft. **c** Bergbaurelikt in musealer Herrichtung

Abb. 8.8 Zeche Zollern II/IV in Dortmund-Bövinghausen

Der Gedanke der Industriedenkmalpflege nahm in Deutschland seinen Ausgang Ende der 1960er Jahre von den erfolgreichen Bestrebungen, das Gebäudeensemble der ehemaligen Zeche Zollern II/IV in Dortmund-Bövinghausen zu erhalten (Abb. 8.8). Gerade der Bergbau hat ein reiches Erbe an kulturellen Gütern geschaffen oder eine künstlerische Auseinandersetzung mit seinen Themen angeregt. Es dürfte kaum einen anderen Industriezweig geben, der über eine eigene Gesellschaft zur Pflege von berufsspezifischen kulturellen und künstlerischen Leistungen verfügt.

Auch die World Heritage List der UNESCO erkennt über- wie untertägige Bergbaurelikte als herausragende Zeugnisse der menschlichen Kultur an und enthält zahlreiche entsprechende Einträge: So finden sich hier unter anderem das Salzbergwerk von Wieliczka in Polen, der Silberberg von Potosí in Bolivien oder die Bergbauregion Kopparbergslagen bei Falun in Schweden. In Deutschland wurden das Ensemble des über weit über 1.000-jährigen Bergbaus am Rammelsberg bei Goslar zusammen mit den Wasserwirtschaftsanlagen des Oberharzer Bergbaus und die Baukörper der Zeche Zollverein in Essen als Welterbestätten ausgezeichnet (Abb. 8.9). Interessanterweise gehen beide Gebäudeensembles auf Fritz Schupp und Martin Kremmer zurück, die wohl bedeutendsten Industriearchitekten in Deutschland im 20. Jahrhundert (Busch 1980).

8.3.2 Trockenabgrabungen und Steinbrüche

Durch Steinbruchbetrieb und Trockenabgrabungen (d. h. Abgrabungen oberhalb des Grundwasserspiegels) entstehen Eingriffe in das Landschaftsbild, die in frischem Zustand oft als „Wunden in der Landschaft"

Abb. 8.9 Bergbauliches Welterbe in Deutschland. **a** Zeche Zollverein in Essen-Katernberg. **b** Erzbergwerk Rammelsberg, Goslar (Foto: mit freundlicher Genehmigung K. Stedingk, Ermlitz)

empfunden werden. Durch diese Eingriffe werden die vorhandenen Ökosysteme zweifellos geschädigt oder zerstört. In der heutigen Praxis der Landesplanung werden allerdings kaum mehr Abgrabungen in ökologisch hochwertigen Flächen genehmigt (Abschn. 8.2). Vielmehr handelt es sich vorrangig um landwirtschaftlich genutzte Flächen mit geringer ökologischer Bedeutung oder Wirtschaftswälder.

Die Eingriffe des Rohstoffabbaus lassen sich häufig durch Verfüllung z. B. mit Abraum, Bodenaushub oder Deponiematerial und entsprechenden Rekultivierungsmaßnahmen zumindest optisch ausgleichen. Derartig rekultivierte Flächen können anschließend wieder für fast jeden Zweck genutzt werden. Die Wiederherstellung eines kulturfähigen Oberbodens durch Abtrag, Zwischenlagerung und Wiederaufbringen des Mutterbodens ist Stand der Technik. Aus ökologischer Sicht führt aber statt einer Rekultivierung häufiger die Renaturierung einer ehemaligen Abbaufläche – sei es durch natürliche Sukzession oder durch gezielte Pflegemaßnahmen wie regelmäßige Entbuschung von Fels- oder Schotterflächen – zu einer standortspezifischen biologischen Vielfalt. Die Renaturierung ist aus dieser Sicht daher einer Rekultivierung mit dem Ziel einer bestimmten Nachnutzung (z. B. für die Landwirtschaft) vorzuziehen.

Gerade wenn die Abgrabungen nicht verfüllt werden, tragen sie zur Belebung des Landschaftsbildes bei und stellen meist wichtige (Sekundär-)Biotope dar. Freie Felsflächen, Blockhalden, offene Sand- und Kiesflächen oder Kleingewässer, wie sie in aktiven und ehemaligen Abgrabungen häufig anzutreffen sind, bilden den Lebensraum zahlreicher seltener und spezialisierter Arten (z. B. Eidechsen, Amphibien; Abb. 8.10) (Mieritz 2016; von Löbbecke-Lauenroth 2007; Vero 2017).

Abb. 8.10 Biodiversität ehemaliger Abbauflächen. **a** Abgrabung Oedingen, Gemeinde Wachtberg, Rhein-Sieg-Kreis: Tongrube mit vielfältigen Biotopstrukturen, natürlicher Sukzession, Ödflächen und Kleingewässern. **b** Mauereidechsen *(Podarcis muralis)* bevorzugen trockene Fels- und Geröllflächen, wie sie in ehemaligen Steinbrüchen auftreten. (Fotos: mit freundlicher Genehmigung M. Piecha, Krefeld)

Auch die in den letzten Jahrzehnten erfreulich angewachsene Uhupopulation im südlichen Ruhrgebiet ist zwingend auf die ehemaligen Steinbrüche als Lebens- und Brutraum angewiesen, da natürliche Felswände hier kaum auftreten (Abb. 8.11).

Die in ökologischer Hinsicht positiven Folgen des Rohstoffabbaus werden heute auch von den meisten Naturschutzverbänden anerkannt.

Sie [die Verbände] haben erkannt, dass Eingriffe in die Natur durch Rohstoffabbau *nicht zwangsläufig zum Schaden der* Artenvielfalt *sein müssen.[...] Damit solche Wirkungen eintreten können, ist die Folgenutzung der Flächen entscheidend. Hier gilt es, einen Kompromiss zwischen der hohen Attraktivität solcher Flächen für eine spätere Freizeitnutzung, der land- und forstwirtschaftlichen Nutzung und der Bedeutung zur Erhaltung der biologischen Vielfalt [...] zu finden.*" (NABU/ISTE/IG Bau 2012)

Es wird seitens des Naturschutzes angeregt, bestehende und neue Gewinnungsstätten als Beitrag zur Biotopvernetzung zu nutzen (NABU/ISTE 2018).

Im Gegensatz zu der in Kap. 1 zitierten Aussage des Umweltbundesamtes (UBA 2019a) tragen die renaturierten ehemaligen Abgrabungen somit in der Regel erheblich zur Biodiversität der Landschaft bei. Rund 70 % der von der Zementindustrie in Anspruch genommenen Abgrabungsflächen wurden vorher landwirtschaftlich genutzt. Nach dem Abbau werden mehr als 50 %

Abb. 8.11 Junger Uhu im ehemaligen Steinbruch Klosterbusch, Bochum

der ehemaligen Abgrabungsflächen heute als Geschützte Landschafts-
bestandteile (GLB), Naturschutzgebiete (NSG) oder Naturdenkmale (ND)
dem Naturschutz zugeführt (z. B. Reimer 2007). Pointiert formuliert ist die
Rohstoffgewinnung in Deutschland wahrscheinlich der einzige Gewerbe-
zweig, der regelmäßig Naturschutzgebiete hervorbringt.

Neben dem Naturschutz können Felswände in ehemaligen Steinbrüchen
mitunter auch als Klettergärten für Freizeitaktivitäten genutzt werden
(Abb. 8.12).

Der Geotopschutz ist der Teil des Naturschutzes, der sich mit der
unbelebten Natur befasst. Zwischen dem Geotopschutz und dem Rohstoffabbau besteht ein ambivalentes Verhältnis. Einerseits können durch
die Rohstoffgewinnung vorhandene Geotope zerstört werden, z. B. Höhlen
in Kalksteinbrüchen, andererseits verdanken viele Geotope ihre Existenz
gerade erst dem Rohstoffabbau. Rund die Hälfte der im Geotop-Kataster
von Nordrhein-Westfalen erfassten Geotope sind anthropogenen Ursprungs,
d. h. überwiegend ehemalige Abgrabungsstätten (Wrede 1997, 2007).
Dadurch, dass sie Einblick in den geologischen Untergrund gewähren,
erfüllen die künstlich geschaffenen Aufschlüsse den Auftrag, „Erkenntnisse über die Entwicklung der Erde oder des Lebens zu vermitteln" (BfN
1996). Bei der Einstellung des Abbaus muss geklärt werden, ob das dann

Abb. 8.12 Klettergarten in einem ehemaligen Sandsteinbruch, Isenberg bei Hattingen/Ruhr

vorliegende Aufschlussbild erhaltenswert ist und demzufolge eventuell auch eine Ausweisung als Naturdenkmal erfordert (Oesterreich und Wrede 2019). Eine Verfüllung der Abgrabung wäre dann kontraproduktiv zum Anliegen des Naturschutzes. So wurde z. B. beim bekannten Ziegeleisteinbruch Hagen-Vorhalle mit seinem einzigartigen Fossilinventar die ursprünglich vorgesehene Auflage zur Verfüllung von der Genehmigungsbehörde wieder aufgehoben, um den international bedeutenden geologischen Aufschluss zu erhalten (Abb. 8.13).

Sehr viele bedeutende Fossilfunde wurden in Abgrabungen gemacht: Der *Archaeopteryx* in den Solnhofener Plattenkalken im Altmühltal, die tertiärzeitlichen Säugetierreste in der Grube Messel bei Darmstadt und im Geiseltal bei Halle oder die Überreste des Neandertalers im Tal der Düssel

Abb. 8.13 Ehemaliger Ziegeleisteinbruch Hagen-Vorhalle: Naturdenkmal, Bodendenkmal, Nationales Geotop; bedeutendste Fundstelle für karbonzeitliche Insekten weltweit. Kleines Bild: *Lithomantis varius* (Museum Wasserschloss Werdringen, Hagen)

bei Düsseldorf. Ohne derartige Funde wären unsere Kenntnisse der Erdgeschichte und der Evolution des Lebens auf der Erde bis heute sehr begrenzt.

Die Entdeckung von Höhlen beim Steinbruchbetrieb führt mitunter zu schwer lösbaren Konflikten. Zwar schützt das Bundesnaturschutzgesetz in § 30 Höhlen grundsätzlich als Biotope, jedoch steht dem das Abbaurecht des Steinbruchbetreibers entgegen. In den allermeisten Fällen sind die Höhlen nicht so bedeutend, dass sie zwingend erhalten werden müssen. Gleichwohl ist es wünschenswert, dass sie dokumentiert und vermessen werden, ehe sie dem Abbau zum Opfer fallen. Entsprechende Regelungen können und sollten in die jeweiligen Abbaugenehmigungen als Nebenbestimmung aufgenommen werden (Wrede 1996). Ist eine durch den Steinbruchbetrieb entdeckte Höhle so bedeutend, dass ihr Erhalt im öffentlichen Interesse liegt, muss der Steinbruch für die ihm entstehenden Verluste entschädigt werden, vor allem für das Abbaurecht in dem betreffenden Lagerstättenbereich. Das Abbaurecht stellt einen wichtigen Teil des Betriebskapitals des Unternehmens dar, der auch der Eigentumsgarantie des Grundgesetzes unterliegt. Sollte es nicht zu einer angemessenen Entschädigung kommen, wäre realistischerweise auch kaum damit zu rechnen, dass die Steinbruchbetreiber von sich aus Höhlenfunde melden würden. Wie kompliziert diese Fragen im Einzelfall sein können, zeigt das Unterschutzstellungs- bzw. Entschädigungsverfahren für den Malachitdom im Sauerland. Diese 1987 in einem Kalksteinbruch entdeckte Höhle ist aus verschiedenen Gründen von höchster wissenschaftlicher Bedeutung (GLA NRW 1992); trotzdem ist das Verfahren bis heute, mehr als 30 Jahre nach der Entdeckung der Höhle, noch immer nicht abschließend geklärt.

8.3.3 Nassabgrabungen

Nassabgrabungen, bei denen die Abgrabung unterhalb des Grundwasserspiegels erfolgt, d. h. vor allem die Auskiesungen in den Flusstälern, erzeugen im Regelfall offene Wasserflächen. Eine Verfüllung ist nur möglich, wenn das Verfüllgut grundwasserneutral und keine Mobilisierung von Schadstoffen in das Grundwasser hinein zu erwarten ist. Im Gegensatz zum untertägigen Bergbau und zu den Trockenabgrabungen beinhalten Nassauskiesungen daher häufig einen irreversiblen Eingriff ins Landschaftsbild. Die lagerstättenbedingt starke Konzentration der Nassauskiesungen in den großen Flusstälern (z. B. am Ober- und Niederrhein) kann durch den Summationseffekt der einzelnen Auskiesungen zu grundlegenden Veränderungen des Landschaftsbildes führen. Damit verbunden ist ein irreversibler Verlust an Boden als landwirtschaftlicher Nutzfläche und seiner Filterfunktion zum Schutz des Grundwassers. In Nordrhein-Westfalen existieren über 2.000 durch Abgrabungen entstandene stehende Gewässer. 24 davon sind Seen mit einer Fläche größer als 50 ha. Ihnen gegenüber stehen nur zwei als Altarme des Rheins entstandene Seen (>50 ha) natürlichen Ursprungs. Ein Problem der Abgrabungsgewässer sind ihre meist sehr steilen Böschungen, die eine Ausbildung einer ökologisch wichtigen, naturnahen Vegetationszonierung mit Flachwasserbereichen erschwert. Die Wasserqualität der grundwassergespeisten Seen verschlechtert sich im Laufe der Zeit vor allem durch starken Nährstoffeintrag aus benachbarten Landwirtschaftsflächen (Hardenbicker et al. 2019).

Wird durch geeignete Naturschutzmaßnahmen, vor allem schon in der Planungsphase, eine naturnahe Ufergestaltung vorgesehen, können aber auch ehemalige Nassabgrabungen zur Biodiversität der Region beitragen, z. B. als Lebens- und Brutraum von Wasservögeln, und somit die Landschaft aufwerten (Abb. 8.14). Dies gilt nicht nur für Nassauskiesungen, sondern auch für andere Abgrabungen im Grundwasserbereich. Es ist wenig bekannt,

Abb. 8.14 Abgrabungsgewässer bei Dorsten, südliches Münsterland

dass z. B. auch die großenteils unter Naturschutz stehenden Seen im Natur-park Maas-Schwalm-Nette im deutsch-niederländischen Grenzgebiet auf ehemalige Torfstiche zurückgehen (Abb. 8.15).

Auch eine Nachnutzung von Abgrabungsseen als Freizeit- oder Sport-gewässer trägt zur Attraktivitätssteigerung der Landschaft bei und schafft gerade in dicht besiedelten Gebieten einen ideellen und oft auch wirtschaft-lichen Mehrwert (Abb. 8.16).

Die wirtschaftliche Notwendigkeit der Rohstoffgewinnung einerseits und die unterschiedlichen Aspekte der Abgrabungsfolgen führen, zusätzlich zu den Abwägungen der konkurrierenden Flächenansprüche, zwangsläufig zu den schon genannten politischen Diskussionen über den Umfang und die Art des Rohstoffabbaus (z. B. NUA 2007).

8.3.4 Rheinisches Braunkohlerevier

Bewegen sich die Fragen nach einer umweltgerechten Gestaltung von Abgrabungen in den genannten Fällen meist nur im lokalen bis regionalen Rahmen, so sind die Auswirkungen der Braunkohle-Großtagebaue im Rheinischen Revier (und ähnlich auch in Mitteldeutschland und in der Lausitz) großräumiger Natur.

Abb. 8.15 Durch Torfstich entstandene Seen im Naturpark Maas-Schwalm-Nette an der deutsch-niederländischen Grenze

Abb. 8.16 a Nachnutzung eines Kiessees als Freizeitgewässer (Königshüttesee, Kempen). **b** Regattabahn (Duisburg-Wedau)

Im Gebiet zwischen Mönchengladbach, Köln und Aachen wurden durch den Braunkohlebergbau bislang rund 290 km² in Anspruch genommen. In kleinem Maßstab begann der Braunkohlebergbau im Gebiet des Hügelzuges der Ville westlich von Köln bereits im 17. und 18. Jahrhundert. Erst im 20.

Jahrhundert entwickelte sich der großindustrielle Bergbau, der zum einen die Herstellung von Briketts zur Hausbrandversorgung und zum anderen die Verstromung der Braunkohle in Kraftwerken zum Ziel hatte. Die Brikett- herstellung und andere Veredlungsprodukte spielen heute mengenmäßig aber keine Rolle mehr. Das Rheinische Revier trägt mit ca. 12–14 % zur deutschen Stromerzeugung bei. Deutschland ist heute mit ca. 180 Mio. t Förderung im Jahr der größte Braunkohleproduzent der Welt; knapp 100 Mio. t davon entfallen auf das Rheinische Revier. Stand die Braunkohle im Bereich der Ville unmittelbar an der Erdoberfläche an, so wird sie weiter westlich von einem vorwiegend aus Sanden und Schluffen bestehenden Deckgebirge von teilweise über 500 m Mächtigkeit überdeckt.

Die zurzeit betriebenen Großtagebaue Inden, Hambach und Garzweiler erreichen bis über 400 m Tiefe (Abb. 8.17). Der Aufschlussgraben des Tage- baus Hambach (Abb. 4.9) hat eine Ausdehnung von ca. 6 × 7 km. Es handelt sich um den weltweit größten Kohletagebau. Der Abraum, der auf der Auf- schlussseite der Tagebaue abgebaggert wird, wird über Förderbandanlagen zur

Abb. 8.17 Braunkohletagebau Garzweiler (2019)

Kippenseite transportiert und dort wieder verfüllt. Hierdurch wandern die Tagebaue allmählich durch das Abbaugebiet.

Die hier ursprünglich vorhandene, vor allem von intensiver Landwirtschaft geprägte und teilweise bewaldete Bördenlandschaft mit allen darin befindlichen Siedlungen, Kulturgütern etc. wird durch den Abbau vollständig zerstört.

Es ist klar, dass derartig massive Eingriffe in die Landschaft extreme Auswirkungen auf die Umwelt haben. Zur Regelung der damit zusammenhängenden Fragen wurde mit dem Braunkohlengesetz schon 1950 ein spezieller Rechtsrahmen und mit dem bei der Bezirksregierung Köln angesiedelten Braunkohlenausschuss ein spezielles politisches Planungsgremium geschaffen (Rödel 1977). Schon im Vorfeld des Genehmigungsverfahrens für den Tagebau Hambach wurde 1973/1974 von Seiten des Braunkohlenausschusses die Anfertigung eines umfassenden ökologischen Gutachtens über die Folgen des in Planung befindlichen Großtagebaus beauftragt. Dabei wurden folgende Einzelthemen behandelt: Bergbau, Geologie und Boden, Wasserwirtschaft, Landwirtschaft, Forstwesen, Klima und Lufthygiene, Vegetation, freilebende Tiere, Erholungsnutzung und Erholungsmöglichkeiten sowie Landschaftsökologie. Die Einzelkapitel Bergbau, Geologie und Boden sowie Wasserwirtschaft wurden in einer gesonderten Publikation des damaligen Geologischen Landesamtes veröffentlicht (GLA 1977).

Zu den gravierendsten Auswirkungen des Braunkohlebergbaus gehört sicherlich die Umsiedlung der Bewohner der Bergbauflächen. Insgesamt betroffen davon waren bzw. sind im gesamten Bergbaugebiet etwa 40.000 bis 50.000 Menschen. Die Umsiedlung von Ortschaften ist nicht nur ein materielles Problem, sondern auch ein soziales, da massiv in die Lebensverhältnisse der Betroffenen eingegriffen wird (Abb. 8.18).

Es ist hier nicht der Raum, um auf alle sozialen Folgen (z. B. Auswirkungen auf die regionale Infrastruktur und den Arbeitsmarkt) und Umweltaspekte der Braunkohletagebaue, z. B. auch die Folgen der großflächigen Grundwasserabsenkung, detailliert einzugehen. Wichtig erscheint an dieser Stelle die Frage nach der Nachsorge des Bergbaus, der Wiederherrichtung der ausgekohlten Bereiche.

Wegen des Fortschreitens der Tagebaue konnten von den bisher in Anspruch genommenen 290 km^2 Fläche bereits rund 200 km^2 wieder rekultiviert werden (RWE Power 2019). Dabei wurden 103 km^2 als Landwirtschaftsfläche hergerichtet, 77 km^2 als Wald und 20 km^2 als Gewässer

Abb. 8.18   Räumung der Ortslage Immenrath (2019)

oder für andere Nutzungen (Abb. 8.19). Letztlich werden drei große Seen die Restlöcher der großen Tagebaue einnehmen. Der Restsee im Tagebau Hambach wird einer der größten und tiefsten Seen Deutschlands werden. Um die Flutung zu beschleunigen, wird die Überleitung von Wasser aus dem Rhein geplant. Zusammen mit der ca. 13 km² großen, die umgebende Landschaft um ca. 200 m überragenden Tagebau-Außenkippe „Sophienhöhe" werden so für den Niederrhein völlig neue Landschaftselemente geschaffen.

Erste Bestrebungen zur Rekultivierung reichen bis in das 18. Jahrhundert zurück. Schon 1766 – in der Zeit der großen Holzkrise in Mitteleuropa – wurde in einem Pachtvertrag die Wiederaufforstung einer Braunkohlegrube vorgeschrieben.

Eine rechtliche Verpflichtung zur Rekultivierung ausgekohlter Braunkohletagebaue und Kippenflächen bestand nach dem Allgemeinen Preußischen Berggesetz nicht; gleichwohl lag eine Wiedernutzbarmachung der Bergbaubrachen im Interesse der Bergbaugesellschaften in den verschiedenen Braunkohlerevieren in Deutschland. Sie waren meist auch die Grundeigentümer der ausgekohlten Flächen und konnten aus einer landwirtschaftlichen oder forstlichen Nachnutzung zusätzlichen wirtschaftlichen Gewinn erzielen. Besonders die Aktivitäten und Forschungen des Forstverwalters Rudolf Heuson, der ab dem Jahr 1922 im Auftrag der Niederlausitzer Kohlen-Werke im heutigen Brandenburg tätig war, haben dazu beigetragen, die Rekultivierungsbemühungen auf eine wissenschaftliche und empirisch abgesicherte Basis zu stellen (Meyer 2019).

Die ältesten Teile des Rheinischen Bergbaureviers westlich von Brühl wurden bereits vor rund 80 Jahren überwiegend forstlich rekultiviert. Die rund 40 Tagebaurestlöcher sind mit Wasser gefüllt und bilden eine Seenlandschaft,

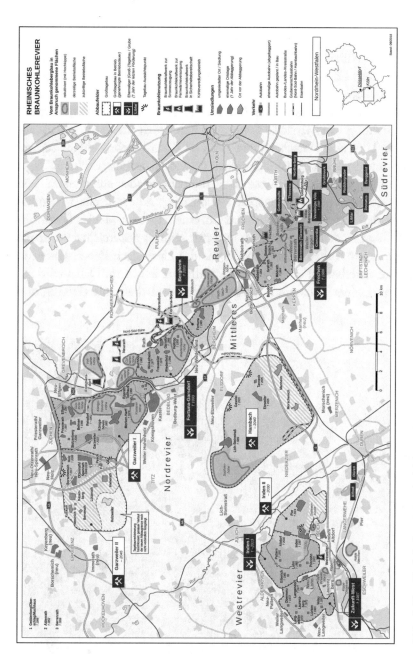

Abb. 8.19 Rheinisches Braunkohlerevier: aktuelle Tagebaue und rekultivierte Flächen (https://creativecommons.org/licenses/by-sa/2.0/legalcode)

die heute weitgehend unter Naturschutz steht (Abb. 8.20). Die Ville-Seen bilden jetzt einen Kernbereich des Naturparks Rheinland.

Die moderne Rekultivierung, die bereits unmittelbar nach Auffüllung der ausgekohlten Bereiche einsetzt, zielt einerseits darauf ab, hochwertige landwirtschaftliche Nutzflächen als Ersatz für die verlorenen Ackerflächen zu erzeugen, andererseits aber auch eine abwechslungsreiche Gestaltung der neuen Landschaft mit hoher Biodiversität und hohen ökologischen Entwicklungspotenzialen zu erreichen (Eßer et al. 2017; RWE 2019). Für die Wiederherstellung landwirtschaftlicher Flächen spielt der von Natur aus vorhandene Löß eine entscheidende Rolle. Er wird beim Abbau separat gewonnen und in etwa 2 m Mächtigkeit über dem im ausgekohlten Tagebau verkippten Abraum als oberste Bodenschicht wieder aufgetragen. Löß hat eine besonders gute Wasserspeicherfähigkeit und ist leicht zu durchwurzeln. In den ersten drei Jahren wird Luzerne angebaut, die als Stickstoffträger hilft, den Boden zu verbessern und mit Humus anzureichern. Danach beginnt ein erster Anbau von Getreide, bis das Land nach sieben Jahren in eine reguläre ackerbauliche Nutzung überführt werden kann. Dabei wird auf die Gestaltung einer ökologisch hochwertigen Landschaft mit Gehölz- und

Abb. 8.20 Gotteshülfeteich bei Hürth (Rheinisches Braunkohlegebiet, Südrevier)

Blühstreifen abgezielt, die z. B. für die Ansiedlung von Insekten essentiell sind (Abb. 8.21).

Auf Flächen für die forstliche Nutzung wird als oberste Bodenschicht bei der Verfüllung ein Gemisch aus ca. 75 % Sand und Kies und 25 % Löß aufgebracht, der sogenannte Forstkies. Dieses Gemisch hat sich als besonders geeignet zur Anlage von Waldflächen erwiesen. Insbesondere die Außenkippe des Tagebaus Hambach, die Sophienhöhe, wurde großflächig bewaldet. Eingestreute artenreiche Wiesen (Abb. 8.22) sowie Sonderflächen mit Ton- oder Sandböden und Gewässer tragen zur Diversität der neuen Landschaft bei und ermöglichen die selbständige Ansiedlung einer artenreichen Flora und Fauna, insbesondere auch von Insekten und Vögeln. In den letzten Jahrzehnten haben sich mittlerweile rund 3000 Tierarten und 1300 Pflanzenarten in den rekultivierten Flächen nachweisen lassen, darunter zahlreiche Rote-Liste-Arten und beispielsweise 18 verschiedene Orchideenarten (Forschungsstelle Rekultivierung 2017).

Die Rekultivierungsarbeiten werden von einer eigens geschaffenen Forschungsstelle in Zusammenarbeit mit zahlreichen Fachinstituten wissenschaftlich begleitet (Forschungsstelle Rekultivierung 2019) und laufend

Abb. 8.21 Tagebau Garzweiler: landwirtschaftlich rekultivierte Fläche

Abb. 8.22 Tagebau Hambach (Sophienhöhe): forstliche Rekultivierung mit Offenlandfläche

optimiert. Das Beispiel des Rheinischen Braunkohlereviers zeigt, dass es auch und gerade bei der Rekultivierung von Großtagebauen möglich ist, eine Aufwertung der Landschaft in Hinblick auf ihre Biodiversität zu erreichen und zugleich den ökonomischen Erfordernissen der Land- und Forstwirtschaft Genüge zu tun.

Auch in den anderen Braunkohlerevieren in Deutschland, insbesondere in Mitteldeutschland im Raum Halle–Leipzig und in der Lausitz, konnten die ehemaligen Braunkohletagebaue in neue, sowohl landwirtschaftlich nutzbare als auch ökologisch und touristisch attraktive Landschaften verwandelt werden (z. B. Leipziger Neuseenland; Lausitzer Seenland) (Rascher und Standke 2014; Busch et al. 2015). Die Rekultivierungsmaßnahmen, die zur Zeit der DDR geplant und begonnen wurden, hatten vor allem eine Wiederherstellung der landwirtschaftlichen Nutzflächen zum Ziel. Die heutigen Rekultivierungen zielen auch stark auf eine touristische Nutzung ab. In der Lausitz werden 15 % der Flächen für den Naturschutz reserviert. Rund 2000 ha Fläche wurden dort von der NABU-Stiftung mit dem Ziel der Renaturierung aufgekauft (Mieritz 2016).

Es zeigt sich somit, dass selbst im Fall der großen Braunkohletagebaue, bei denen eine großflächige und vollständige Zerstörung der ursprünglichen Landschaft erfolgt, anschließend an den Abbau eine Wiederherstellung oder Neugestaltung einer Nachfolgelandschaft möglich ist, die bezüglich ihres ökologischen Wertes oder der Biodiversität dem ursprüngliche Zustand zumindest nahe kommt oder ihn sogar übertrifft. Der Einwand, es handele sich dabei nur um eine „Sekundärnatur", trifft nicht wirklich, da es sich bei der vom Bergbau in Anspruch genommenen Landschaft ebenfalls nicht um eine ursprüngliche Naturlandschaft handelte, sondern ganz überwiegend um vom Menschen gestaltete, landwirtschaftlich oder forstlich genutzte Kulturflächen. Dies gilt auch für den zum Symbol des Widerstandes gegen den Braunkohlebergbau gewordenen Hambacher Forst im Gebiet des Tagebaus Hambach im Rheinischen Revier.

8.3.5 Emissionen und Altlasten

Von jedem Rohstoffgewinnungsbetrieb, wie von den meisten Industriebetrieben, gehen Belastungen für die Umgebung aus, sei es durch Lärm, Staubentwicklung, Erschütterungen durch Sprengungen (Abb. 8.23) oder den LKW-Verkehr. Derartige Immissionen entstehen temporär während des Betriebs. Durch entsprechende technische Vorkehrungen wie Abwasserbehandlungsanlagen, Staubfilter usw. lassen sich die Emissionen stark begrenzen, aber nicht völlig vermeiden. Hierfür existieren heute in Deutschland entsprechende gesetzliche Vorschriften und technische Regelwerke, deren Einhaltung gewährleistet werden muss (z. B. Europäische Wasserrahmenrichtlinie oder Bundesimmissionsschutzgesetz und nachgeschaltete Regelwerke wie TA Lärm).

Problematisch sind in diesem Zusammenhang aber die Hinterlassenschaften der historischen Rohstoffgewinnung bis weit in das 20. Jahrhundert hinein, als derartige Vorschriften noch nicht existierten. Insbesondere durch den Erzbergbau und das Metallhüttenwesen ist es teilweise über Jahrhunderte hinweg zur Freisetzung und Mobilisierung von Schwermetallen und anderen Schadstoffen gekommen, die bis heute die Böden kontaminieren. In Gebieten mit größeren Erzvorkommen an der Erdoberfläche ist allerdings auch ohne die Einwirkung des Menschen, d. h. geogen, mit teilweise um Zehnerpotenzen erhöhten geochemischen Hintergrundwerten zu rechnen (z. B. Horion und Friedrich 1986; Fauth et al. 1985; GD NRW 2003; BLU 2018).

Abb. 8.23 Steinbruchbetrieb mit Großgeräteeinsatz und Sprengtätigkeit

Der weit verbreitete Prozess des Röstens der sulfidischen Erze führte zur Emission großer Mengen an toxischen Schwefeloxiden, die sich in Verbindung mit der Luftfeuchtigkeit als schweflige Säure niederschlugen und zur Zerstörung der Vegetation führten. Auch Arsenverbindungen, Schwermetalle wie Blei, Zink und Cadmium und andere toxische Verbindungen wurden bei der Erzverarbeitung mit dem „Hüttenrauch" emittiert und über größere Flächen in den Boden eingetragen. Die Umgebung der ehemaligen Clausthaler Bleihütte im Harz, die vom 16. Jahrhundert bis 1967 betrieben wurde, war bis vor wenigen Jahren durch die Emissionen der Hütte weitgehend vegetationsfrei. Lediglich Heidekraut, das relativ resistent gegen Blei ist, konnte sich ausbreiten. Durch die Vegetationsarmut kam es zu verstärkter Bodenerosion, so dass zum Teil der nackte Felsboden ansteht. Erst in der letzten Zeit, d. h. ca. 40 bis 50 Jahre nach Betriebseinstellung, siedeln sich z. B. mit Birken erste Pioniergehölze in größerem Umfang an (Abb. 8.24).

Aus den Halden in alten Bergbaugebieten werden Schwermetalle teilweise chemisch mobilisiert, oder aber sie werden besonders aus den feinkörnigen

Abb. 8.24 Vegetationsschäden und Bodenerosion durch „Hüttenrauch" im Bereich der ehemaligen Clausthaler Bleihütte, Harz (Foto: mit freundlicher Genehmigung Th. Becker, Trier)

Pochsandhalden durch die Niederschläge mechanisch ausgetragen und über die Flüsse bis weit ins Umland transportiert. So finden sich aus dem Harz stammende, deutlich erhöhte Blei- und Zinkgehalte in den Sedimenten der vom Harz in Richtung der Weser verlaufenden Flüsse Innerste, Oker, Leine und Aller (Dobler 1999; Knolle 1989; Knolle et al. 2020). Noch in der Nordsee lassen sich in den Sedimenten südöstlich von Helgoland erhöhte Schwermetallkonzentrationen finden, die – nach parallel bestimmten Sedimentaltern – mit der Bergbautätigkeit im Harz und im Erzgebirge seit dem Mittelalter in Zusammenhang stehen dürften (Boxberg et al. 2019).

In der nördlichen Eifel wurden bei Mechernich seit der Römerzeit bis 1957 Bleierze mit einem extrem geringen Metallgehalt von durchschnittlich nur ca. 1,0–1,2 % Pb im Fördergut abgebaut und verhüttet. Die Vererzung ist an Sandsteine und Konglomerate des Mittleren Buntsandsteins gebunden, der hier dem devonischen Grundgebirge auflagert. Der Abbau erfolgte teils im Tagebau, teils im Untertagebetrieb. Der geringe Metallinhalt des Erzes und die Art des Nebengesteins erforderten den Durchsatz großer Erzmengen (bis 1,6 Mio. t/a) und eine intensive Aufbereitung. Dabei fielen große Mengen von feinstkörnigem Quarzsand an, die auf Halden geschüttet oder in Klärbecken deponiert wurden. Diese sterilen Halden blieben weitgehend vegetationsfrei und wurden durch Windeinwirkung allmählich zu Dünen zusammengeweht, von denen aus es zu äolischen Sandeinträgen in die nähere und weitere Umgebung kam. Zugleich weisen die teilweise landwirtschaftlich genutzten Böden in der Umgebung und die Sedimente der Bäche, die das Bergbaugebiet entwässern, deutlich erhöhte Bleigehalte auf.

Ursache hierfür ist einerseits ein natürlicher Sedimenttransport von Erzpartikeln aus dem Ausbissbereich der hochgelegenen Lagerstätte auf dem Mechernicher Bleiberg in die tiefer liegende Umgebung. Andererseits stießen auch die Bleihütten über Jahrhunderte hinweg ungefiltert bleihaltige Abgase aus. Während die natürlich verfrachtete Erzpartikel aus schwer löslichen Bleisulfiden und -karbonaten bestehen, schlugen sich aus dem Hüttenrauch wasserlösliche Bleioxide nieder, die schon früh zu Schäden an der Vegetation und der Fischfauna führten:

[…] 1729 bezeugten die Schöffen von Call […] dass durch die zu Call angelegten Poch- und Bleischmelzhütten das Wasser der Urft so vergiftet und versandet sei, dass die Fische darin stürben, das Vieh nicht davon trinken dürfe, und das Gras der anstehenden Wiesen zu Grunde gehe. (Schmitz und Zander 1882).

Im Jahr 1982 begann mit groß angelegten geochemischen und bodenkundlichen Untersuchungen die Sanierung des Mechernicher Bergbaugebiets, bei der sich die Fixierung und Abdeckung der Flugsandareale als Schwerpunkt herauskristallisierten (Schalich et al. 1986).

Nebenbei sei angemerkt, dass die noch beträchtlichen Erzreserven des Mechernicher Bergbaureviers sowohl in der Mitte der 1970er Jahre als auch um 2010 Anlass zu Explorationsvorhaben gaben. Gerade an diesem Vorkommen lässt sich so die in Abschn. 5.1 dargestellte zyklische Entwicklung der Rohstoffwirtschaft in Deutschland zeigen.

In vielen alten Bergbaugebieten ist es der Natur gelungen, sich den anthropogen verursachten, extremen Standortbedingungen anzupassen. Schwermetallresistente Arten, die ursprünglich natürliche Standorte auf Erzausbissen besiedelten, konnten sich auf den neu entstandenen, sterilen Abraum- oder Schlackenhalden und anderen kontaminierten Flächen ausbreiten. Die sterilen Halden werden zuerst von Flechten besiedelt (Ullrich und Schlicht 2001). In dem Maße, wie sich durch abgestorbenes Pflanzenmaterial und angewehte Bodenpartikel eine Humusschicht bildet, kommt es zur Ansiedlung auch höherer Pflanzen. Sie müssen jedoch die immer noch starke Schwermetallwirkung tolerieren können. Es bilden sich sogenannte Schwermetallrasen aus. Typische Pflanzen darin sind z. B. die Galmei-Grasnelke (*Armeria maritima* subsp. *halleri)*, das Taubenkropf-Leimkraut *(Silene vulgaris* subsp. *humilis*) oder die Hallersche Schaumkresse (*Arabidopsis halleri)* (Ernst 1974; Knolle et al. 2011).

Interessant ist das Vorkommen des Galmei-Veilchens *(Viola calaminaria)*, das im ehemaligen Zinkbergbaugebiet von Aachen und Stolberg in einer gelb blühenden Form auftritt. Ausschließlich an einem völlig isolierten Standort im südlichen Eggegebirge findet sich auf einer Bergbauhalde dagegen eine violette Art des Galmei-Veilchens *(Viola guestphalica)* (Abb. 8.25) (Nauenburg 1986).

Durch fortschreitende Bodenbildung vermindert sich allmählich der Abstand zwischen der Vegetationszone und dem schwermetallbelasteten Substrat, so dass sich auch weniger resistente Arten wie Heidekraut oder Birken ausbreiten können. Im Endzustand unterscheidet sich dann die Vegetation kaum noch von derjenigen der nicht belasteten Umgebung (Kison und Klappauf 2010).

Die ursprünglichen Standorte der Schwermetallflora auf natürlichen Erzausbissen sind auf Grund der Bergbautätigkeit weitgehend verschwunden. Die anthropogen angelegten Halden bilden heute Ersatzstandorte, die oft eine größere Fläche einnehmen dürften als die ursprünglichen Verbreitungsgebiete. Die Schwermetallrasen stehen heute – ungeachtet ihrer teilweisen anthropogenen Entstehung – als FFH-Lebensraumtyp 6130 nach der Europäischen Fauna-Flora-Habitat-Richtlinie (92/43/EWG von 1992) generell unter Naturschutz (Jäger und Stolle 2002).

Abb. 8.25 Galmei-Veilchen: **a** Gelb blühende Variante; Breinigerberg, Stolberg bei Aachen. **b** Violett blühende Variante; Bleikuhlen bei Lichtenau-Blankenrode, Kr. Paderborn

8.4   Deutschland und die Welt

Die Umwelteingriffe durch den Rohstoffabbau sind je nach Art der Lagerstätte und dem Umfang des Abbaus unterschiedlich. Die geschilderten Verhältnisse in Deutschland zeigen, dass bei allen im Einzelfall bestehenden Defiziten ein weitgehend umweltverträglicher Rohstoffabbau möglich ist. Auch wenn sich die mit dem Rohstoffabbau verbundenen Eingriffe in die Umwelt nicht verhindern lassen, so sind sie durch frühzeitig geplante Maßnahmen der Nachsorge weitgehend auszugleichen. Ein herausragendes Beispiel für einen umweltverträglichen Bergbau stellt die Wolframerzlagerstätte Mittersill in Österreich dar. Das Bergwerk befindet sich inmitten des Nationalparks Hohe Tauern. Es existiert schon seit den 1970er Jahren und genoss daher Bestandsschutz, als der Nationalpark 1983 ausgewiesen wurde. Die Grenzen des Nationalparks wurden daher um das Bergbauareal herumgezogen (Kreutzer und Schönlaub 1995, S. 25). Gleichwohl wurde der Bergwerksbetrieb quasi unsichtbar angelegt. Außer einer zu einem Stollenmundloch führenden Zufahrtsstraße sind praktisch keine oberirdisch sichtbaren Anlagen zu erkennen. Die Erzaufbereitung befindet sich mehrere Kilometer entfernt außerhalb der Konfliktzone und ist unterirdisch über ein Stollensystem mit dem Bergwerk verbunden.

Die nachsorgende Rekultivierung und Verwahrung ehemaliger Abbaustätten sind zumindest in Mitteleuropa heute genauso ein Teil der Rohstoffgewinnung wie die vorauslaufende Exploration und Lagerstättenerkundung. Tatsächlich führen die Ergebnisse der Renaturierung ehemaliger Abbaustellen oft zu einer Aufwertung der Landschaft und ihrer Biodiversität, so dass, wie bereits erwähnt, ein erheblicher Teil der ehemaligen Abbaugebiete dem Naturschutz zugeführt wird. Zwischen dem allgemeinen Interesse an einer möglichst kostengünstigen Versorgung der Wirtschaft mit Rohstoffen, dem unternehmerischen Interesse an einer möglichst gewinnbringenden Produktion und dem allgemeinen Interesse an der Bewahrung der Umwelt herrscht in Deutschland ein relativ ausgeglichenes Verhältnis, das sich in den politischen Entscheidungen, Gesetzen und Regelungen widerspiegelt.

In den meisten europäischen und einigen außereuropäischen Bergbauländern wie Kanada oder Australien unterliegen Bergbauprojekte ähnlichen Genehmigungsverfahren wie in West- und Mitteleuropa, die auch Umweltverträglichkeitsprüfungen und Rekultivierungskonzepte beinhalten.

Von verschiedenen Institutionen wurden Leitbilder für ein *Green Mining* aufgestellt, die einen nachhaltigen Bergbau im Sinne der weitergehenden UN-Beschlüsse von 2015 sicherstellen sollen.

Der Geologische Dienst Finnlands (Nurmi 2017; Geological Survey of Finland o. J.) entwickelte ein Konzept „Green Mining". Es trägt den UN-Nachhaltigkeitsforderungen Rechnung, nach denen die heutige Rohstoffnutzung nicht die Möglichkeiten der zukünftigen Generationen gefährden darf, ihre Bedürfnisse zu befriedigen, und die Rohstoffgewinnung ökologisch und sozial verträglich durchgeführt werden soll. Es wird festgestellt, dass der Bergbau weltweit auf immer größere soziale und ökologische Akzeptanzprobleme stößt. Die Menschen wollen zwar unverändert mineralbasierte Produkte nutzen, wenden sich gleichzeitig aber immer stärker gegen die Bergbauaktivitäten. Diese widersprüchliche Haltung stellt die betroffene Industrie vor eine große Herausforderung. Durch das Green Mining Concept (GMC) soll mittels höherer Ressourceneffizienz und Einsparungen beim Energie- und Wasserverbrauch der ökologische Fußabdruck der Rohstoffgewinnung vermindert werden. Nach dem GMC soll die Gewinnung aller benötigten Rohstoffe ermöglicht, zugleich aber der Anfall von Abraum- und Abfallmengen minimiert werden. Obwohl die Lebensdauer der einzelnen Lagerstätten begrenzt ist und sie nicht ersetzbar sind, besteht nach Ansicht des finnischen Dienstes keine Gefahr, dass die Rohstoffe der Erdkruste insgesamt zu Ende gehen. Steigende Aufwendungen und die Entwicklung neuer Technologien schaffen die Möglichkeit zur Erschließung neuer Vorkommen oder für den Einsatz von Ersatz- oder Recyclingmaterialien. Um im Sinne des UN-Nachhaltigkeitskonzepts die *Mineral Debt* (etwa: die *Rohstoffschuld*) abzutragen, die durch den heutigen Rohstoffverbrauch gegenüber den zukünftigen Generationen entsteht, und um die Verfügbarkeit der Georessourcen auch für die Zukunft sicherzustellen, muss nach diesem Konzept die Rohstoffexploration aktiv fortgeführt und verstärkt werden. Dies erfordert auch eine stetige Verbesserung der Explorations- und Gewinnungsmethoden und der geowissenschaftlichen Grundlagenforschung. Zugleich ist es unerlässlich, die negativen Auswirkungen des Rohstoffabbaus auf die Umwelt zu minimieren. Die Bergbauaktivitäten müssen so organisiert werden, dass die örtliche Bevölkerung von ihnen profitiert und in die Entscheidungsprozesse eingebunden wird.

Im Einzelnen umfasst das finnische GMC folgende Punkte

- Verbesserung der Rohstoff- und Energieeffizienz
- Sicherung der Rohstoffe auch für die Zukunft
- Minimierung negativer Umwelteinflüsse und Sozialentwicklungen
- Verbesserung der Organisationsstrukturen und Arbeitsbedingungen
- Sicherstellung einer nachhaltigen Landnutzung nach Abbauende.

Hierzu werden jeweils detaillierte Anregungen gegeben.

Die Bergbauindustrie muss den zunehmenden sozialen, ökologischen und technischen Herausforderungen ganzheitliche Konzepte entgegenstellen, wenn ihre Tätigkeit gesellschaftlich akzeptiert werden soll.

Tatsächlich werden viele der Forderungen des GMC bereits heute durch die Rohstoffindustrie in Europa, aber auch in anderen Ländern der Erde, zumindest teilweise aufgegriffen, wobei es sich um einen ständigen Optimierungsprozess handelt. Weltweit gesehen sind die Verhältnisse aber deutlich kritischer als in Europa zu bewerten.

Das Massachusetts Institute of Technology (MIT) wendete die Prinzipien des Green Mining in einer Fallstudie auf den Abbau Seltener Erden in China an (MIT 2016). Danach bestehen dort Defizite, die durch die Erfüllung folgender Forderungen behoben werden sollten:

- Schließung illegaler und unregulierter Bergwerke
- Einführung und Anwendung von umweltverträglichen Bergbauverfahren und -techniken (z. B. wird der teurere Untertagebergbau für umweltfreundlicher erachtet als der kostengünstigere Tagebau)
- Rekultivierung aufgegebener Minen
- Reevaluierung der Bauwürdigkeitsgrenzen mit dem Ziel, den Abbau auf wenige, aber hochgradige Lagerstätten zu konzentrieren.

Gewinnen in bestimmten Ländern die Unternehmerinteressen die Überhand, werden beispielsweise die kostenintensiven Rekultivierungsmaßnahmen eher vernachlässigt. So ist es z. B. in den USA immer wieder zu beobachten, dass zumindest bis in die 1970er Jahre stillgelegte Bergwerke ohne Verwahrungsmaßnahmen zurückgelassen wurden, selbst ehemalige Uranerzgruben (Abb. 8.26).

Tritt der Staat selbst als Unternehmer auf, wie es z. B. in der DDR und anderen sozialistischen Staaten, aber auch anderswo der Fall war bzw. ist, überwiegt erfahrungsgemäß das wirtschaftliche Interesse an einer möglichst hohen Rohstoffproduktion. Das Schwergewicht der bergbaulichen Tätigkeit in der DDR lag eindeutig auf der Maximierung der Produktion. Obwohl man sich durchaus auch auf staatlicher Ebene der Notwendigkeit von Rekultivierungsmaßnahmen bewusst war und die Rekultivierung des vom Bergbau beanspruchten Geländes auch in der DDR zu den festen Aufgaben der Bergbaubetriebe gehörte, wurden die Fragen des Umweltschutzes letztlich weitgehend Erfordernissen des Produktionsbetriebs untergeordnet (Schwalm 2003). Da politische oder öffentliche Kontrollinstanzen fehlten, wurden auch an sich vermeidbare Umweltschäden bei der Rohstoffgewinnung in Kauf genommen. So kam es letztlich dazu, dass dort die

Abb. 8.26   Stillgelegte Uranerzgrube in den La Sal Mountains, Colorado, USA

Braunkohlebagger tatsächlich oft nicht rekultivierte „Mondlandschaften" hinterließen und Abraumhalden des Kupfer-, Uran- oder Kalibergbaus weitgehend ohne Rücksicht auf die Umwelt oder das Grundwasser aufgeschüttet wurden (Abb. 8.27 bis Abb. 8.29). Die Sanierung und Rekultivierung großer Bergbauareale der ehemaligen DDR erfolgten oft erst nach der politischen Wende durch eigens hierfür gegründete, staatlich finanzierte Unternehmen (z. B. die Lausitzer und Mitteldeutsche Bergbau-Verwaltungsgesellschaft mbH, LMBV, deren Hauptaufgabe die Sanierung der Betriebsflächen von stillgelegten Bergbaubetrieben der DDR ist).

Seit 2019 werden im Rahmen eines vom Bundesministerium für Bildung und Forschung (BMBF) geförderten Forschungsverbundes „Umweltpolitik, Bergbau und Rekultivierung im deutsch-deutschen Vergleich" die unterschiedlichen Entwicklungen in den beiden deutschen Staaten von 1949 bis 2000 von verschiedenen Forschungseinrichtungen an unterschiedlichen Beispielen detailliert untersucht (Albrecht et al. 2020).

Als der Uranerzbergbau in Ostdeutschland Ende 1990 im Zuge der deutschen Wiedervereinigung abrupt eingestellt wurde, hinterließ er tiefgreifende Schädigungen der Umwelt. Zurückgeblieben waren 1400 km offene Grubenbaue, 311 Mio. m^3 Haldenmaterial und 160 Mio. m^3 radioaktive Schlämme in dicht besiedelten Gebieten. Die Sanierung der Hinterlassenschaften des Uranbergbaus der DDR durch die Wismut AG nach der politischen Wende erfordert einen finanziellen Aufwand von schätzungsweise 8 Mrd. € und wird sich voraussichtlich noch bis zum Jahr 2045 hinziehen (Wismut 2019).

Abb. 8.27 Nicht rekultivierte Salzhalde ohne Untergrundabdichtung bei Bischoffe-rode im Südharz-Kalirevier der DDR; das Schüttgut besteht überwiegend aus Steinsalz (Aufnahme: 2020)

Ähnlich verhält es sich in instabilen Ländern der „Dritten Welt", in denen oft ein hohes Korruptionsrisiko herrscht. Auch hier haben die Regierungen (oder die Regierenden) häufig ein größeres Interesse an kurzfristigen hohen Erlösen aus dem Rohstoffabbau als an seiner langfristigen Sicherung oder dem Umweltschutz. Auch wenn zum Teil entsprechende Gesetze existieren, werden sie häufig nicht durchgesetzt, und die Regierenden oder die ihnen nachgeordnete Verwaltungen bis zur lokalen Ebene vernachlässigen oft aus persönlichem Profitstreben die ihnen zukommende Kontrollfunktion.

In derartigen Ländern, aber z. B. auch in China, ist oft ein mehr oder weniger illegal betriebener Bergbau verbreitet, der in Ermangelung wirk-samer Kontrollen keinerlei Rücksicht auf Ressourcenschonung, Umwelt-belange oder soziale Standards der Arbeitskräfte nimmt. Oft handelt es sich um Kleinbetriebe, die als „Familienunternehmen" unter Einbeziehung der Kinder als Arbeitskräfte betrieben werden; mitunter sind es offiziell stillgelegte Gruben, in denen die ehemaligen Minenarbeiter auf eigene Rechnung illegal Restvorräte gewinnen. In vielen dieser Fälle ist für die

Abb. 8.28 Ehemaliger Braunkohletagebau bei Bitterfeld (1991) (Bundesarchiv, B 145 Bild F088901-0001j-F-Thum-1991; CC-BY-SA)

Abb. 8.29 Monolith aus flüssig abgekippter Schlacke im Südharzer Kupferbergbaurevier

betreffenden Menschen diese Tätigkeit in Ermanglung anderer Arbeitsplätze alternativlos. Ein Boykott der in diesem Notbergbau erzeugten Produkte würde zwar dazu beitragen, den offensichtlichen Raubbau an den Menschen und der Lagerstätte, der hier stattfindet, zu beenden. Er würde gerade deshalb aber die ohnehin am Existenzminimum lebenden Arbeiter letztlich um ihre Lebensgrundlage bringen. Andere Bergwerke dienen der Finanzierung von Milizen und Rebellengruppen, die ihre vermeintlichen Ansprüche auch unter Gewaltandrohung durchsetzen und gegeneinander um die „Pfründe" aus dem illegalen Bergbau kämpfen.

Etliche rohstoffproduzierende Länder werden von autoritären und/ oder korrupten Regierungen beherrscht, die die staatlichen Einnahmen aus der Rohstoffförderung nur einer kleinen Elite zukommen lassen. Der Reichtum an Bodenschätzen trägt dann nicht zur positiven wirtschaftlichen Entwicklung des Landes bei, sondern kann im Gegenteil zur Vertiefung der sozialen Kluft zwischen der herrschenden Elite und der Allgemeinbevölkerung beitragen. Diese Tatsache hat dazu geführt, dass der Reichtum an Rohstoffen in einem Land mitunter als Ressourcenfluch oder Ressourcenfalle betrachtet wird (Auty 1993; Niebel 2010).

Andere Länder, z. B. Norwegen oder die arabische Ölstaaten legen die Gewinne aus der Rohstoffproduktion in staatlichen Fonds an, die durch diversifizierte Investitionen den neu erworbenen Wohlstand möglichst langfristig und über die Zeitdauer der Rohstoffnutzung hinaus gewährleisten sollen. Der Staat Alaska schüttet die Rohstoffgewinne unmittelbar an die Einwohner aus. Auch Länder wie Kanada und Australien oder Schwellenländer wie Südafrika oder Malaysia verdanken ihre wirtschaftliche Entwicklung zum großen Teil einem verantwortungsvollen Umgang mit den Ressourcen und der daraus generierten Wertschöpfung.

Letztlich gilt noch immer die Aussage Agricolas (1556) zum Nutzen der Bergbauprodukte „Treffliche Männer brauchen sie gut, und ihnen sind sie nützlich, schlechte aber schlecht, und ihnen sind sie unnütz" (Kap. 2).

Dort, wo kapitalkräftige Konzerne Bergwerke in abgelegenen Regionen betreiben, bilden diese häufig den Keim einer positiven wirtschaftlichen Entwicklung. Die für das Bergwerk notwendige Infrastruktur wie Straßen, Eisenbahnanschluss, Wasser- und Elektrizitätsversorgung etc. kommt in der Regel auch der einheimischen Bevölkerung in der Umgebung zugute, ebenso medizinische Einrichtungen, Schulen oder berufliche Ausbildungsstätten. Die Aufwendungen für diese Maßnahmen sind im Vergleich zu den Gesamtinvestitionen für einen größeren Bergbaubetrieb gering. Sie führen aber zu einer positiven Haltung der Ortsansässigen gegenüber dem Unternehmen und erleichtern die Rekrutierung qualifizierter Arbeitskräfte.

Durch die Aussicht auf bezahlte Arbeit in den Minen werden viele Arbeitssuchende angezogen. Neben den offiziellen Siedlungen der Bergbauunternehmen entstehen weitere, sich mehr oder weniger spontan entwickelnde Randsiedlungen. Auf dem Gebiet der Bong Mine in Liberia, deren Bau 1962 begonnen wurde, lebten beispielsweise im Jahr 1957 etwa 600 Menschen in drei Dörfern. Im Jahr 1970 betrug die Einwohnerzahl der Bergbausiedlung Bong Town etwa 9000, hinzu kamen rund 10.000 Bewohner der drei angrenzenden Randsiedlungen Vanita (Abb. 8.30), Njebele und Nyee (Blenck 1973).

Dadurch, dass die einheimischen Arbeiter entlohnt werden, entsteht Kaufkraft, die den örtlichen Handel und Gewerbebetriebe stimuliert. Die außerhalb der Bergbaukonzession liegenden Randsiedlungen erfüllen wichtige soziale Funktionen, wie von Blenck (1973) dargelegt wird: Sie bieten Wohnraum einerseits für die Menschen, die in der Hoffnung auf einen Arbeitsplatz zu den jeweiligen Bergbaubetrieben gewandert sind, aber (noch) keine Anstellung gefunden haben, und andererseits für diejenigen, die sich vom erarbeiteten Geld Wohn- oder Grundeigentum schaffen können und nun ihrerseits Wohnraum an die „Neuankömmlinge" vermieten. Die Ansiedlung von Märkten, Geschäften, Handwerkern und

Abb. 8.30 Vanita, eine Randsiedlung zur offiziellen Bergbausiedlung Bong Town, Liberia

anderen Dienstleistern mit spezifisch auf die jeweilige Bevölkerung aus-
gerichteten Angeboten ergänzt die entsprechenden Einrichtungen innerhalb
der Company Towns. In den Randsiedlungen entwickeln sich auch Gastro-
nomie-, Kontakt- und Freizeiteinrichtungen, die sich an den jeweiligen
kulturellen, ethnischen oder sprachlichen Eigenheiten der oft heterogen
zusammengesetzten Einwohnerschaft orientieren.

Da sich die Randsiedlungen im Gegensatz zu den geplanten Company
Towns eher spontan und regellos entwickeln, bleiben aber Fehlentwicklungen und gravierende Defizite z. B. bei der Wasser- und Elektrizitätsversorgung oder der sanitären Infrastruktur nicht aus, wenn diese nicht von
den Bergbaugesellschaften übernommen werden. Ebenso bestehen Probleme
in sozioökonomischer Hinsicht, da hier mittellose, arbeitssuchende
Zuwanderer und bereits relativ wohlhabende, festangestellte Arbeiter der
Grubenbetriebe aufeinandertreffen.

Unter günstigen Bedingungen kann sich eine selbsttragende wirtschaftliche Entwicklung der Randsiedlungen etablieren, die auch nach einer
eventuellen Schließung des auslösenden Bergwerks erhalten bleibt. Obwohl,
bedingt durch den Bürgerkrieg, die Bong Mine 1989 geschlossen und in der
Folge die Company Town verlassen und bis auf das Hospital praktisch vollständig devastiert wurde, haben sich die angrenzenden Randsiedlungen bis
heute gehalten und weiterentwickelt.

Im ungünstigen Fall kommt es dagegen zur Abwanderung der
Bevölkerung, zur Aufgabe des Standortes und der Entstehung von „Ghost
Towns".

Für die Bergbauaktivitäten in der bis in die 1960er Jahre völlig
unerschlossenen Pilbara-Region in Westaustralien wurde eine umfangreiche Infrastruktur geschaffen (Straßenverbindungen zur Küste und in
Richtung Perth, Eisenbahn, Flughafen). Hierdurch wurde dieses Gebiet
auch für den Tourismus zugänglich, für den vor allem der spektakuläre
Karijini-Nationalpark eine Hauptattraktion darstellt. Durch diesen mehr
als 6000 km² großen Nationalpark wurde ein erheblicher Teil des Gebiets
dauerhaft auch vor den Interessen des Bergbaus geschützt. Die ursprünglich als reine Bergarbeitersiedlung angelegte „Company Town" Tom Price
entwickelt jetzt auch eine touristische Infrastruktur und erhielt mittlerweile
den offiziellen Status einer Stadtgemeinde. Durch die Tourismusaktivi-
täten entstehen zusätzliche Arbeitsplätze für die einheimische Aborigines-
Bevölkerung, die vor allem auch im Nationalpark-Management involviert
ist.

Letztlich verdanken auch die heutigen arabischen Metropolen am
Persischen Golf ihre Existenz einzig und allein der Entdeckung und

Förderung der dortigen Erdölvorkommen. Durch die zukunftsorientierte Anlage der dabei erzielten Gewinne mit Blick auf die zentrale Lage der Region zwischen Europa und Asien ist es in wenigen Jahrzehnten gelungen, bis dahin völlig unbedeutende Siedlungen zu Drehkreuzen des Luftverkehrs und Welthandels zu entwickeln, die heute die höchsten Bevölkerungszuwächse weltweit aufweisen.

Auch in Deutschland hat es entsprechende Entwicklungen gegeben. Der Strukturwandel im Ruhrgebiet ist ein anschauliches Beispiel hierfür. Obwohl dieses Ballungsgebiet erst Mitte bis Ende des 19. Jahrhunderts in sehr kurzer Zeit ausschließlich auf der Basis der Montanindustrie entstand, hat es deren Niedergang am Ende des 20. Jahrhunderts mit entsprechenden strukturellen Anpassungen weitgehend abfangen können. Es bildet heute, trotz der Einstellung des Bergbaus und des Rückgangs der Stahlindustrie, weiterhin eine der wichtigsten Metropolregionen Europas.

Die kleineren Bergbaustädte des Oberharzes dagegen, die zur Goethe-Zeit regelrechte „Boom-Towns" waren („seltsame Empfindung […] hier heraufzukommen, wo von unterirdischem Segen die Bergstädte fröhlich nachwachsen"; Goethes Tagebuch vom 7. Dezember 1777; Denecke 1980), haben sich von der Einstellung des Bergbaus um 1930 bis heute kaum erholt. Abgesehen vom Fremdenverkehr ist es nicht gelungen eine alternative und dauerhafte Wirtschaftsstruktur aufzubauen, was zum deutlichen Rückgang der Bevölkerungszahlen und letztlich zum Verlust der kommunalen Eigenständigkeit der ehemals selbständigen Städte geführt hat.

Ein Umweltbewusstsein ist in vielen Ländern der Welt bislang nicht besonders ausgeprägt, und man glaubt, die hierdurch kurzfristig entstehenden Kosten nicht aufbringen oder zumindest einsparen zu können. Von den zehn Orten mit der größten Umweltverschmutzung auf der Erde, die das New Yorker Blacksmith Institute (2006) ermittelt hat, liegen fünf in Russland oder anderen Nachfolgestaaten der ehemaligen Sowjetunion, einer in China und je einer in den Entwicklungs- und Schwellenländern Indien, Peru, Sambia und Dominikanische Republik. Die Hälfte dieser Fälle steht mit unsachgemäß geführtem Bergbau bzw. fehlender Nachsorge in Zusammenhang.

Es stellt sich in manchen Regionen der Erde allerdings auch die Frage, wie eine sinnvolle Rekultivierung aussehen könnte, z. B. in Wüstengebieten, in denen auch aufwändige Sanierungsmaßnahmen kaum eine ökologische Verbesserung bewirken würden (Abb. 8.31).

Der Rohstoffabbau ist zwingend mit Eingriffen in die Umwelt verbunden. Sie lassen sich aber durch vorausschauende Planung, eine umweltbewusste Gewinnung und vor allem eine verantwortungsvolle Nachsorge

Abb. 8.31 Stillgelegter Kupfererztagebau mit freigelegtem Grundwasserspiegel in einer Wüstenregion (Oman)

und Verwahrung der Abbaustelle nach Einstellung des Betriebs stark minimieren und ausgleichen. Zweifellos gibt es dabei weltweit, aber auch in Deutschland, erhebliche Defizite.

Bestehende Missstände beim Umweltschutz oder den Arbeitsbedingungen werden zu Recht kritisiert. Wie zahlreiche positive Beispiele von umwelt- und sozialverträglichem Bergbau weltweit zeigen, sind sie aber nicht system-immanent für den Rohstoffabbau oder ein Spezifikum des Bergbaus. Gerade auch der Vergleich zwischen den Verhältnissen in der ehemaligen DDR und der früheren Bundesrepublik zeigt, dass die Situation im Bergbau vielmehr die politischen und sozialen Bedingungen in den jeweiligen Ländern widerspiegelt. Dort, wo z. B. in Drittweltländern Kinderarbeit praktiziert wird, findet Kinderarbeit auch im Bergbau statt. Dort, wo kein effektiver Umweltschutz erfolgt, wird er auch vom Bergbau vernachlässigt. Über die Einforderung von sog. ESG-Standards (Environment, Social, Governance; Umwelt, Soziales, Unternehmensführung) bei der Gewährung von Investitionsmitteln kann Einfluss auf die örtlichen Arbeits- und Umwelt-bedingungen ausgeübt werden. Ein möglicher Investitionsverzicht würde zwar die herrschende Elite treffen, aber auch die einheimische Bevölkerung um eine mögliche Erwerbsquelle bringen. Es ist selbstverständlich, dass sich die Rohstoffunternehmen an die bestehenden Gesetze und Regelwerke halten müssen. Die Formulierung dieser Gesetze und Regeln und ihre Durchsetzung sind aber Aufgabe der betroffenen Staaten. Aus dieser Verantwortung und Pflicht können und dürfen die souveränen Staatsführungen und die Gesellschaften der betreffenden Länder nicht entlassen werden. Es liegt in der Verantwortung aller Beteiligten, nicht nur der Bergbautreibenden, an der Verbesserung unzureichender Verhältnisse zu arbeiten.

Literatur

Auty, R. M. (1993). *Sustaining development in mineral economies: The Resource curse thesis*. 288 S. London.

Agricola, G. (1556). *De re metallica libri XII (Zwölf Bücher vom Berg- und Hüttenwesen*. (Nachdruck 1977: 508 S.). München: dtv.

Albrecht, H., Farrenkopf, M., Maier, H., & Meyer, T. (2020). Editoral. *Anschnitt, 72*, 74.

Baglikow, V. (2003). Bergschäden nach Beendigung der Grubenwasserhaltung im tiefen Bergbau. *Markscheidewesen, 110,* 45–497.

Baglikow, V. (2011). Schadensrelevante Auswirkungen des Grubenwasseranstiegs. Erkenntnisse aus dem Erkelenzer Steinkohlenrevier. *Markscheidewesen, 118,* 10–16.

BfN (Bundesamt für Naturschutz) Hrsg. (1996). Arbeitsanleitung Geotopschutz in Deutschland – Leitfaden der Geologischen Dienste der Länder der Bundesrepublik Deutschland. Angew. *Landschaftsökologie, 9,* 1–105 + XVI; Bonn-Bad Godesberg.

Blacksmith Institute. (2006). Worst polluted Places on Earth 2006. Blacksmith Annual Report 2006; New York. https://www.blacksmithinstitute.org/docs/2006ar.pdf. Zugegriffen: 3. Jan. 2020.

Blenck, J. (1973). Randsiedlungen vor den Toren von Company-Towns, dargestellt am Beispiel von Liberia. *Bochumer Geogr. Arb., 15,* 99–124.

BLU (Bayerisches Landesamt für Umwelt). (2018). Geogene Grundbelastungen; Augsburg.   https://www.lfu.bayern.de/boden/hintergrundwerte/index.htm. Zugegriffen: 11. Dez. 2019.

Boxberg, F., Asendorf, A., Bartholomä, A., Schnetger, B., de Lange, W.P., & Hebbeln, D. (2019). Historical anthropogenic heavy metal input to the southeastern North Sea. *Geo-Marine Letters*. https://link.springer.com/content/pdf/https://doi.org/10.1007/s00367-019-00592-0.pdf. Zugegriffen: 25. Jan. 2020.

Bräunig, A., & Kirchhof, J. (2009). Bergbau unter Naturschutzgebiet: Bewusste Wasserstandserhöhung des Xantener Altrheins durch Steinsalzgewinnung unter der Bislicher Insel. – *Kali und Steinsalz, 3/2009*, 12–21. Berlin.

Busch, W. (1980). F. Schupp, M. Kremmer. Bergbauarchitektur 1919–1974. Landeskonservator Rheinland, Arbeitsheft 13; Köln.

Busch, S., Grosser, R., Schroekh, B. & Rascher, J. (Hsg.) (2015). Energie aus heimischen Brennstoffen: Der Braunkohletagebau Cottbus-Nord und die Lausitzer Landschaft nach der Braunkohle. *Exkurs.f. u. Veröffl. DGG, 254*, 148 S.

Denecke, R. (1980). *Goethes Harzreisen* (S. 177). Hildesheim: Lax.

Dobler, L. (1999). Der Einfluß der Bergbaugeschichte im Ostharz auf die Schwermetalltiefengradienten in historischen Sedimenten und die fluviale Schwermetalldispersion in den Einzugsgebieten von Bode und Selke im Harz. – Diss. Martin-Luther-Universität Halle; 120 S., Anhang; Halle/S.

Dölling, M. (1994). Geologische Kartierung als Hilfsmittel zur Quantifizierung anthropogener Eingriffe. *Z. dt. geol. Ges., 145*, 116–122.

Döring, M. (1996). Die Wasserkraftwerke im Samsonschacht in St. Andreasberg/ Harz. *Wasserkraft und Energie, 3*, 24–34.

Ernst, W. (1974). Schwermetallvegetation der Erde. *Geobotanica selecta, 5*, 194.

Eßer, G., Janz, S., & Walther, H. (2017). Förderung der Biodiversität in der Rekultivierung des Rheinischen Braunkohlereviers. *World of Mining – Surface and Underground, 69*(6), 2–9.

Fauth, H.; Hindel, R; Siewers, U., & Zinner, J. (1985). *Geochemischer Atlas der Bundesrepublik Deutschland. Verteilung von Schwermetallen in Wässern und Bachsedimenten.* 79 S. Hannover: BGR.

Forschungsstelle Rekultivierung. (2017). Artenlisten der Rekultivierung. https:// www.forschungsstellerekultivierung.de/rekultivierungsforschung/tiere--pflanzen/ artenlisten/index.html. Zugegriffen: 7. Sept. 2019.

Forschungsstelle Rekultivierung. (2019). https://www.forschungsstellerekultivierung. de. Zugegriffen: 7. Sept. 2019.

Forsthoff, E. (1958). *Die Daseinsvorsorge und die . Kommunen.* 31 S. Köln-Marienburg.

GD NRW (Geologischer Dienst Nordrhein-Westfalen). (2003). *Natürliche Haupt- und Spurenelemente sowie wichtige Kennwerte von Locker- und Festgesteinen in Nordrhein-Westfalen* (S. 54). Krefeld. https://www.gd.nrw.de/zip/ge_dk_kennwerte-locker-festgesteine.pdf. Zugegriffen: 10. Dez. 2019.

GD NRW (Geologischer Dienst Nordrhein-Westfalen). (o. J.). *Abgrabungsmonitoring von Nordrhein-Westfalen – Methodenbeschreibung für die Bewertung der Abgrabungssituation von Lockergesteinsrohstoffen.* 16 S. Krefeld. https://www. gd.nrw.de/zip/ro_berichtmonitoring.pdf. Zugegriffen: 10. Dez. 2019.

GLA (Geologisches Landesamt NRW). (1977). Tagebau Hambach und Umwelt. 127 S., Anlagenband. Krefeld.

GLA (Geologisches Landesamt Nordrhein-Westfalen). (1992). *Der Malachitdom. Ein Beispiel interdisziplinärer Höhlenforschung im Sauerland.* 304 S. Krefeld.

Geological Survey of Finland. (o. J.). Green Mining. https://en.gtk.fi/mineral_resources/greenmining.html. Zugegriffen: 20. Jan. 2020.

Gerhard, M. (2007). Kies- und Sand-Abgrabungen: Start der Nachhaltigkeit oder „Weiter wie bisher"? *NUA-Hefte, 21,* 23–27.

Hardenbicker, P., Eckartz-Vreden, G. & Arndt, I. (2019): Zustand der Seen in Nordrhein-Westfalen. *Natur in NRW, 4,* 8–13.

Hiß, D. (2016). Bergbau in Deutschland – Totgesagte leben länger. *Politische Ökologie,* 144, 26–32. München

HLUG (Hessisches Landesamt für Umwelt und Geologie). (2008). *Rohstoffe in Hessen.* 6 S. Wiesbaden.

Horion, B., & Friedrich, G. (1986). Die Verteilung von Schwermetallen, Arsen, Quecksilber und Jod im Nebengestein und Böden im Bereich sulfidischer Erzgänge in nordöstlichen Siegerland. *Fortschr. Geol. Rhld. Westf., 34,* 319–336.

Hueck, E. (1963). Die planmäßige Absenkung des Duisburger Hafens durch Abbau mit wechselseitiger Anwendung von Blasversatz und Bruchbau. *Glückauf, 99,* 584–590.

Jäger, U., & Stolle, J. (2002). 6130 Schwermetallrasen (Violetalia calaminariae) – Die Lebensraumtypen nach Anhang I der Fauna-Flora-Habitatrichtlinie im Land Sachsen-Anhalt. *Naturschutz im Land Sachsen-Anhalt, Sdh., 39,* 86–90.

Kips, A. & Schäfer, I. & Schwab, M., & Wrede, V. (2012). Luftbildgestütztes Abgrabungsmonitoring unterstützt Raumplanung. *SDGG, 80,* 97.

Kison, H.-U., & Klappauf, L. (2010). *Mittelalterliche Schlackenhalden und Naturschutz.* – Faltblatt. Nationalpark Harz: Wernigerode.

Kleeberg, K., & Rascher, J. (2012). Bewertung von Steine- und Erden-Rohstoffen – die sächsische Lösung. SDGG, 80, 98.

Knolle, F. (1989). Harzbürtige Schwermetallkonzentrationen in den Flussgebieten von Oker, Innerste, Leine und Aller. *Beitr. z. Naturkunde Niedersachsens, 42,* 53–60.

Knolle, F., Ernst, W., Dierschke, H., Becker, Th., Kison, H.-U., Kratz, S., & Schnug, E. (2011). Schwermetallvegetation, Bergbau und Hüttenwesen im westlichen GeoPark Harz – eine ökotoxikologische Exkursion. *Braunschw. Naturkdl. Schriften, 10*(1), 1–44.

Knolle, F.; Wegener, U., & Rupp, H. (2020). 6000 Jahre Umweltfolgen der Harzer Montanwirtschaft. – 48. Treffen des Arbeitskreises Bergbaufolgen der DGGV am Rammelsberg bei Goslar 10.–12. September 2020. *Exkursionsf. und Veröffil. DGG, 265,* 121–147.

Koetter, G. (2017). *Als Kohle noch Zukunft war – Bergbaugeschichte und Geologie des Muttentals und der Zeche* Nachtigall. 219 S. Essen.

Kreutzer, L. H., & Schönlaub, H. P. (Hrsg.). (1995). 3. Jahrestagung der Arbeitsgemeinschaft Geotopschutz in deutschsprachigen Ländern. *Ber. Geol. Bundesanst., 32,* 93 S.

Langer, A. (2012). Rohstoffe und Rohstoffsicherung in Niedersachsen. *SDGG, 80,* 101.

LBGR (Landesamt für Bergbau, Geologie und Rohstoffe) Brandenburg. (2019). Rohstoffsicherung. 1 S. Cottbus. https://lbgr.brandenburg.de/sixcms/detail. php/626085. Zugegriffen: 14. Dez. 2019.

LEP NRW (Landesentwicklungsplan Nordrhein-Westfalen). (2016). 130 S.; geänderte Fassung 2019: GV.NRW 2019, Nr. 15: 341–376; Düsseldorf. https:// www.wirtschaft.nrw/landesplanung. Zugegriffen: 10. Dez. 2019.

Löbbecke-Lauenroth, E. v. (2007). Primär-, Sekundär- und Refugialbiotope. *Nachhaltige Entwicklung und Abgrabungen. NUA-Hefte, 19,* 43–46.

Martini, N. & Schäfer, I. & Stüber-Delhey, M., & Wrede, V. (2012). Neue Rohstoffkarte schafft Transparenz für die Rohstoffvorsorge. *SDGG, 80,* 102.

Meyer, D. E. (2002). Geofaktor Mensch. *Essener Unikate, 19,* 8–25.

Meyer, T. (2019). 1922 – Ein „turning point" in der Geschichte von Bergbaufolgelandschaften? *Anschnitt, 71,* 206 – 222.

Mieritz, T. (2016). Wenn die Bagger fort sind. *Politische Ökologie, 144,* 82–87. München.

MIT (Massachusetts Institute of Technology). (2016). The future of strategic natural resources: Environmentally sensitive "Green" mining. https://web.mit. edu/12.000/www/m2016/finalwebsite/solutions/greenmining.html. Zugegriffen: 25. Jan. 2020.

NABU (Naturschutzbund Deutschland Landesverband Baden-Württemberg e. V.) & ISTE (Industrieverband Steine und Erden Baden-Württemberg e. V.). (2018). *Vorschläge für eine Nachhaltige Nutzung und Entwicklung von Rohstoffgewinnungsstätten im Rahmen der Rohstoffstrategie des Landes Baden-Württemberg.* 12 S. Stuttgart.

NABU (Naturschutzbund Deutschland Landesverband Baden-Württemberg e.V.)/ ISTE (Industrieverband Steine und Erden Baden-Württemberg e.V.)/IG Bau. (2012). Nachhaltige Rohstoffnutzung in Baden-Württemberg. 15 S. Ostfildern.

Nauenburg, J. D. (1986). Untersuchungen zur Variabilität, Ökologie und Systematik der *Viola tricolor*-Gruppe in Mitteleuropa. Diss. Univ. Göttingen (S 124), Göttingen.

Neumann, R. (2009). Risikomanagement der Bergbehörde NRW für verlassene Tagesöffnungen des Bergbaus. *Exkursionsf. u. Veröff. DGG, 238,* 62–67.

Niebel, D. (2010). Strategien deutscher Entwicklungspolitik für eine nachhaltige Rohstoffpolitik. – Rede von Dirk Niebel, Bundesminister für wirtschaftliche Zusammenarbeit und Entwicklung, in Berlin am 06. Oktober 2010. https:// www.bmz.de/de/presse/reden/minister_niebel/2010/Oktober/20101006_rede. html.

NUA (Natur- und Umweltschutzakademie NRW). (Hrsg.). (2007). Kiesabbau am Niederrhein – Quo vadis? *NUA-Heft 21,* 40.

Nurmi, P. (2017). Green Mining – A holistic concept for sustainable and acceptable mineral production. *Annals of Geophysics, 60,* Fast Track: 7 S.; Rom. doi: https:// doi.org/10.4401/ag-7420

Oesterreich, B., Wrede, V., et al. (2019). *Arbeitsanleitung Geotopschutz in Deutschland – Leitfaden der Staatlichen Geologischen Dienste der Länder der Bundesrepublik Deutschland*, (2. aktual. u. erg. Aufl.). 136 S. Jena.

Pearman, G. (Hrsg.). (2009). *101 Things to do with a hole in the ground* (S. 136). St. Austell, UK.

Rascher, J. & Standke, G. (Hrsg.) (2014): Vom Braunkohlentagebau zur Tourismusregion: Das Leipziger „Neuseenland" – eine Landschaft im Wandel. *Exkurs.f. u. Veröffl. DGG, 251,* 176 S.

Reckordt, M. (2016). Deutschlands globale Rohstoffpolitik – Für immer Exportweltmeister? *Politische Ökologie, 144,* 39–445. München

Reimer, Th. (2007). Bedarf und Bedarfsdeckung aus Sicht der Industrie. – In: Nachhaltige Entwicklung und Abgrabungen. *NUA-Hefte,* 19, 23–28.

Rödel, E. (1977). Braunkohlenplanung als Teil der Landesplanung. In: Geologisches Landesamt NRW (1977). *Tagebau und Umwelt,* 7–22, Krefeld.

RWE Power. (2019). *Rekultivierung im Rheinland* (S. 15). Essen. https://www.rwe. com/web/cms/mediablob/de/346060/data/183406/5/rwe/innovation/rohstoffe/ braunkohle/renaturierung-und-umweltschutz/rekultivierung-im-rheinland-download.pdf. Zugegriffen: 06. Sept. 201.

Schalich, J., Schneider, F. K., & Stadler, G. (1986). Die Bleierzlagerstätte Mechernich – Grundlage des Wohlstandes, Belastung für den Boden. Fortschr. *Geol. Rhld. u. Westf., 34,* 11–91.

Schmitz, L., & Zander, H. (1882). *Die Bleibergwerke bei Mechernich und Commern* (S. 60). Zülpich.

Schwalm, V. (2003). Die Kalihalden im Südharz-Unstrut-Revier. In: Bartl, H.; Döring, G.; Hartung, K.; Schilder, Chr. & Slotta, R. (2003). *Kali im Südharz-Unstrut-Revier, 2,* 885–901.

Sikorski, A., & Reinersmann, N. (2009). Altbergbau in Nordrhein-Westfalen. *Exkurs.f. und Veröffl. DGGV, 238,* 55–61.

Stein, V. (2000). Die Zeit danach … Kies und Sand, Rekultivierung – Renaturierung: 164 S.; Duisburg.

Teßmer, D. (2007). Die Verankerung von Nachhaltigkeitsstrategien beim Abbau und der Sicherung von Rohstoffen. *Nachhaltige Entwicklung und Abgrabungen. NUA-Hefte, 19,* 29–35.

UBA (Umweltbundesamt). (2019a). https://www.umweltbundesamt.de/ daten/flaeche-boden-land-oekosysteme/flaeche/flaechenverbrauch-fuer-rohstoffabbau#textpart-4. Zugegriffen: 31. Aug. 2019.

UBA (Umweltbundesamt). (2019b). https://www.umweltbundesamt.de/themen/ abfall-ressourcen/ressourcenschonung-in-produktion-konsum/abiotische-rohstoffe-schonend-gewinnen#textpart-1. Zugegriffen: 13. Nov. 2019.

Ullrich, H., & Schlicht, R. (2001). Flechten am Rammelsberg. *Der Rammelsberg. Tausend Jahre Mensch. Natur. Technik, 2,* 390–401.

Vero (Verband der Bau- und Rohstoffindustrie e. V.). (Hrsg.). (2017). *Maßnahmen zur Unterstützung der Abgrabungsamphibien in der Rohstoffgewinnung* NRWs. 28 S. Duisburg.

Wismut GmbH. (2019). Sanierung der Hinterlassenschaften des Uranerzbergbaus in Sachsen und Thüringen. https://www.wismut.de/de/wismut_firmenportraet.php. Zugegriffen: 02. Dez. 2019.

Wittenbrink, J., & Werner, W. (2012). Angewandte Rohstoffsicherung in Südwestdeutschland. *SDGG, 80,* 108.

Wrede, V. (1996). Bodendenkmäler, Biotope, Geotope – Gesetzlicher Höhlenschutz in Nordrhein-Westfalen. *Heimatpflege in Westfalen, 9,* 5–7.

Wrede, V. (1997). Geotopschutz in Nordrhein-Westfalen / Ziele, Möglichkeiten, Probleme. *Natur- und Landschaftskunde, 33,* 1–12, 5 Abb.; Möhnesee-Körbecke.

Wrede, V. (2007). Abgrabungen und Geotopschutz. *Nachhaltige Entwicklung und Abgrabungen. NUA-Hefte, 19,* 47–49.

9

Fazit

Trailer

Die Rohstoffgewinnung ist ein Teil der unverzichtbaren Daseinsvorsorge für den Menschen. Die Nutzung von Bodenschätzen ist insbesondere notwendig, um die 2015 definierten Nachhaltigkeitsziele der UNO zu erreichen, für die Ernährung der Weltbevölkerung und die Realisierung der Energiewende. Der Gedanke nachhaltigen, generationengerechten Wirtschaftens wurde in Europa erstmals im Zusammenhang mit der Berg- und Forstwirtschaft in der frühen Neuzeit formuliert. Bezieht man die vorauslaufende Exploration in das Bild ein, so ist die Rohstoffgewinnung als nachhaltig im Sinn der UN-Konferenz von Rio de Janeiro 1992 zu bezeichnen, da die Menge der verfügbaren Rohstoffe auch für die künftigen Generationen zunimmt. Trotz der damit verbundenen unvermeidlichen Eingriffe in die Natur kann Rohstoffgewinnung bei sachgemäßer Rekultivierung umwelterträglich durchgeführt werden. Durch Schaffung von Infrastruktur und Wirtschaftswachstum kann sie zur regionalen wirtschaftlichen und sozialen Entwicklung beitragen.

Missstände und Fehlentwicklungen müssen kritisiert und behoben werden. Hierzu sind alle Beteiligten verpflichtet, vor allem die Gesellschaften und Regierungen in den betroffenen Ländern.

Die Gewinnung und Nutzung von Bodenschätzen sind ganz offensichtlich unverzichtbar für den Menschen und wahrscheinlich eine seiner ältesten kulturellen Aktivitäten. Da sie immer mit Eingriffen in die Umwelt verbunden waren und sind, lässt sich eine kritische Auseinandersetzung mit den ökonomischen, ökologischen und sozialen Folgen des Bergbaus bis zurück in die Antike belegen.

Die Begriffe „Raubbau" und „Nachhaltigkeit" in ihren heutigen, sehr weit reichenden Bedeutungen sind unscharf in Bezug auf die Rohstoffgewinnung, insbesondere mit Blick auf die nichtenergetischen Rohstoffe.

Der Gedanke des nachhaltigen, generationenübergreifenden, „enkelgerechten" Wirtschaftens hat in Mitteleuropa seinen Ursprung im mittelalterlichen und frühneuzeitlichen Bergbau und wurde spätestens im 16. Jahrhundert als Posteritätsprinzip auch bewusst formuliert. Die hohen Investitionen und langen Vorlauffristen der Bergbauunternehmungen machten im Bergbau langfristig angelegte Planungen und Investitionen unabdingbar. In Anbetracht der Holzkrise des 18. Jahrhunderts wurden diese Erfahrungen des Bergbaus dann auf das Forstwesen übertragen, und dabei wurde der Begriff „nachhaltendes Wirtschaften" geprägt.

Der Begriff des Rohstoffvorrats beschreibt keine statische Menge. Er ist vielmehr – abhängig von verschiedenen wirtschaftlichen, technischen und gesellschaftlichen Faktoren – dynamisch definiert. Weil diese Faktoren, vor allem die zukünftigen Explorationsergebnisse und die von der menschlichen Kreativität abhängige technische Entwicklung, für die Zukunft nicht bekannt und sind nur für maximal wenige Jahrzehnte abschätzbar, lassen sich prinzipiell keine maximalen Reichweiten für die Nutzungsdauer einzelner Rohstoffe bestimmen. Es ist lediglich möglich, unter Annahme einer bestimmten Verbrauchsentwicklung, modellhaft eine auf der heutigen Lagerstättenkenntnis basierende Mindestverfügbarkeit zu prognostizieren.

Eine einfache Korrelation zwischen dem Bevölkerungswachstum und der Rohstoffnachfrage ist nicht gegeben. Unabhängig vom Bevölkerungswachstum geht die Nachfrage nach bestimmten Rohstoffen zurück, während sie für andere überproportional steigt.

Die Georessourcen der Erde, die fossilen Rohstoffe, sind in ihrer Menge *endlich*. Diese absoluten, endlichen Mengen sind aber extrem groß. Die dem Menschen verfügbaren Mengen machen hiervon nur einen sehr kleinen Teil aus. Die Grenze zwischen diesen beiden Mengen lässt sich aber nicht definieren und verschiebt sich mit den wirtschaftlichen Bedingungen. Die verfügbaren Mengen sind daher nicht *begrenzt*. Sie reichen wegen der Größe der „absoluten" Mengen nach aller Erfahrung aus, um den Bedarf der Menschheit für den Zeitraum zu decken, in der sie einen bestimmten Bodenschatz benötigt.

Die Bioressourcen, die *nachwachsenden Rohstoffe,* sind regenerativ und stehen somit im Prinzip zwar dauerhaft, *endlos,* zur Verfügung. Da die möglichen Anbauflächen räumlich wie von ihrer Leistungsfähigkeit her limitiert sind, ist zu einem bestimmten Zeitpunkt aber immer nur eine *begrenzte Menge* an Bioressourcen verfügbar – zur Ernährung der Menschen oder um fossile Rohstoffe zu ersetzen. Auch die Flächen, die zur Erzeugung regenerativer Energien benötigt werden, sind begrenzt.

Bei ansteigendem Bedarf ist die Nutzung der Bioressourcen im Laufe der Geschichte immer wieder an Grenzen gestoßen. Im 18. und 19. Jahrhundert reichten die Bioressourcen in Europa nicht mehr aus, um die Versorgung der Bevölkerung sicherzustellen und erfordern seitdem den Rückgriff auf fossile Rohstoffe.

Wegen der Explorationserfolge und der immer effizienteren Techniken der Rohstoffgewinnung und -nutzung führt die Rohstoffwirtschaft trotz der Stoffentnahme und des steigenden Verbrauchs nicht zu einer Verknappung der verfügbaren Bodenschätze. Es stehen der Menschheit stattdessen eine immer größere Vielfalt und Menge an Georessourcen zur Verfügung, die durch Rohstoffrecycling und -substitutionen weiter gestreckt wird. Die Rohstoffwirtschaft deckt somit den heutigen Bedarf, ohne die Bedürfnisse zukünftiger Generationen zu gefährden. Die Rohstoffwirtschaft ist daher im Sinne der Sustainable-Development-Definition der Brundtland-Kommission von 1987 und der UNO von 1992 als nachhaltig zu bezeichnen. Die Folge dieser Entwicklung sind in Relation zu den übrigen Lebenshaltungskosten langfristig sinkende Rohstoffpreise.

Die Versorgung der Menschen mit abiotischen Rohstoffen wird in der Aufzählung der Nachhaltigkeitsziele (SDG) der UNO von 2015 nicht als eigenes Ziel genannt (Abb. 3.1). Das Erreichen etlicher der genannten Ziele ist aber unabdingbar an die Verfügbarkeit von Bergbaurohstoffen gebunden. Die Rohstoffgewinnung steht – gleich wie die Landwirtschaft – als Teil des primären Wirtschaftssektors am Beginn der Wertschöpfungskette und ist somit (eine) Voraussetzung für „menschenwürdige Arbeit und Wirtschaftswachstum" und begründet und fördert durch Schaffung von Kaufkraft häufig die regionale wirtschaftliche und soziale Entwicklung strukturschwacher Gebiete.

Die abiotischen Rohstoffe waren und sind die Grundlage für industrielle Entwicklung, und der Bergbau schafft oftmals die Infrastruktur zur wirtschaftlichen und kulturellen Entwicklung ganzer Regionen.

Die sichere Energieversorgung wird noch für lange Zeit auf einen Beitrag fossiler Energieträger, vor allem von Erdgas, angewiesen sein. Aber auch die regenerativen Energien sind ohne entsprechende Materialen und Rohstoffe für die erforderliche Technik (Photovoltaik- und Windkraftanlagen, Leitungen oder Energiespeicher) nicht denkbar. Baurohstoffe sind die Voraussetzung für die Entwicklung und den Bau nachhaltiger Städte, während bergbaulich gewonnener Mineraldünger unverzichtbar ist für die

Ernährung der heutigen Weltbevölkerung und sein Einsatz der Boden-degradation gerade in tropischen Ländern entgegenwirkt.

Obwohl jeder Rohstoffabbau einen Umwelteingriff darstellt und es unzweifelhaft zahlreiche Defizite im Einzelfall gibt, zeigen gerade die Verhältnisse in Deutschland, dass der Abbau und die Nutzung der Bodenschätze grundsätzlich umweltverträglich möglich sind; zumindest müssen sie die Umwelt nicht stärker belasten, als es andere menschliche Aktivitäten auch tun. Die unvermeidbaren Umwelteingriffe lassen sich weitgehend kompensieren. Im Gegenteil führt der Rohstoffabbau oft sogar zu einer ökologischen Aufwertung der Landschaft und einer Vergrößerung der Biodiversität.

Die eingangs zitierten und weit verbreiteten pauschalen Vorbehalte gegenüber der Rohstoffgewinnung und die Sorgen vor einer Rohstoffverknappung sind daher weitgehend unbegründet.

Missstände wie Umweltverschmutzung und Naturzerstörung oder unzumutbare Arbeitsbedingungen sind nicht systemimmanent für die Rohstoffwirtschaft. Sie sind vielmehr Ausdruck der jeweiligen politischen und gesellschaftlichen Rahmenbedingungen, unter denen der Rohstoffabbau stattfindet, wie gerade der Vergleich zwischen den beiden ehemaligen deutschen Staaten, aber auch der Vergleich mit anderen Ländern auf der Welt zeigt.

Stichwortverzeichnis

Printed in the United States
By Bookmasters